突 破 认 知 的 边 界

梁启超 著

为学与做人

光明日报出版社

图书在版编目（CIP）数据

为学与做人 / 梁启超著 . -- 北京：光明日报出版社，2024.4

（民国大师家风学养课 / 廖淼焱主编）

ISBN 978-7-5194-7838-4

Ⅰ.①为… Ⅱ.①梁… Ⅲ.①人生哲学 Ⅳ.① B821

中国国家版本馆 CIP 数据核字 (2024) 第 056123 号

为学与做人
WEI XUE YU ZUOREN

著　　者：梁启超	
责任编辑：孙　展	责任校对：徐　蔚
特约编辑：胡　峰　何江铭	责任印制：曹　诤
封面设计：于沧海	

出版发行：光明日报出版社
地　　址：北京市西城区永安路 106 号，100050
电　　话：010-63169890（咨询），010-63131930（邮购）
传　　真：010-63131930
网　　址：http://book.gmw.cn
E – mail：gmrbcbs@gmw.cn
法律顾问：北京市兰台律师事务所龚柳方律师
印　　刷：天津鑫旭阳印刷有限公司
装　　订：天津鑫旭阳印刷有限公司
本书如有破损、缺页、装订错误，请与本社联系调换，电话：010-63131930

开　本：146mm×210mm	印　张：6.5
字　数：165 千字	
版　次：2024 年 4 月第 1 版	
印　次：2024 年 4 月第 1 次印刷	
书　号：ISBN 978-7-5194-7838-4	
定　价：49.80 元	

版权所有　翻印必究

梁启超（1873—1929），字卓如、任甫，号任公，别号饮冰室主人。他主张"兴学校、开民智、育人才"，提高全民素质；主张改革科举，重视儿童教育、女子教育、师范教育；主张普及文字阅读。梁启超重视女性对儿童教育的作用，主张禁止体罚儿童，实行义务教育，进行趣味教育等。其著作合编为《饮冰室合集》。

心安理得　海阔天空

目录

第一章 教育的意义

养心语录	003
趣味教育与教育趣味	005
教育家的自家田地	015
科学精神与东西文化	025
为学与做人	032
辞清华教授一职	041

> 少年智则国智,少年富则国富,少年强则国强。

第二章 青年人的担当

忧国与爱国	049
少年强则国强	051
英雄的品质	055
竭吾才则于心无愧	060
东南大学课毕告别辞	061
困难境遇正是磨炼身心最好机会	074
随便环境怎么样	078
生活太舒服，容易消磨志气	081

磊磊落落，独往独来，大丈夫之志也，大丈夫之行也。

第三章 学问是生活，生活是学问

不可放弃责任	087
处忧患能使人精神振奋	090
学问是生活，生活是学问	092
美术与生活	094
敬业与乐业	101
学问之趣味	108
求学问不是求文凭	115
因林家事奔走	121
割肾事件与法权会议	124
为志摩证婚一事	132
乡音无改把猫摔	134
考古之意外成绩	140
不可修养功夫太浅	144
做学问要"猛火熬"和"慢火烧"	147
无论何种境遇，我常是快乐的	155

> 不恨年华去也，只恐少年心事，强半为销磨。

第四章 人生百年，立于幼学

常思报社会之恩	161
小挫折正磨炼德性之好机会	163
天下事业无所谓大小	164
尝寒素风味，实属有益	167
杂事一二	169
欲远行美洲	172
给孩子们的五则信	174
为孩子们工作之考虑	182
清华风潮及思成徽音之结婚	186

老年人如夕照，少年人如朝阳。老年人如瘠牛，少年人如乳虎。

> 少年智则国智,少年富则国富,少年强则国强。

第一章 教育的意义

养心语录

人之生也，与忧患俱来，苟不尔，则从古圣哲，可以不出世矣。种种烦恼，皆为我练心之助；种种危险，皆为我练胆之助；随处皆我之学校也。我正患无就学之地，而时时有此天造地设之学堂以饷之，不亦幸乎！我辈遇烦恼遇危险时，作如是观，未有不洒然自得者。

凡办事必有阻力。其事小者，其阻力亦小；其事愈大，其阻力亦愈大。阻力者乃由天然，非由人事也。故我辈惟当察阻力之来而排之，不可畏阻力之来而避之。譬之江河，千里入海，曲折奔赴，遇有沙石则挟之而下，遇有山陵则绕越而行，要之必以至海为究竟。办事遇阻力者，当作如是观：至诚所感，金石为开，何阻力之有焉？苟畏而避之，则终无一事可办而已，何也？天下固无无阻力之事也。

中国公学大学部学生会的同学留影。1906年，归国留学生姚宏业、孙镜清等在上海北四川路横浜桥租民房为校舍，筹办中国公学。该学校后来逐渐发展成包括文、法、商、理4院17系的综合性大学，并增设了中学部。1915年，梁启超出任中国公学董事长。

趣味教育与教育趣味

一

假如有人问我："你信仰的甚么主义？"我便答道："我信仰的是趣味主义。"有人问我："你的人生观拿什么做根柢？"我便答道："拿趣味做根柢。"我生平对于自己所做的事，总是做得津津有味，而且兴会淋漓。什么悲观咧，厌世咧，这种字面，我所用的字典里头，可以说完全没有。我所做的事常常失败——严格的可以说，没有一件不失败——然而我总是一面失败一面做。因为，我不但在成功里头感觉趣味，就在失败里头也感觉趣味。我每天除了睡觉外，没有一分钟、一秒钟，不是积极的活动。然而我绝不觉得疲倦，而且很少生病，因为我每天的活动有趣得很，精神上的快乐，补得过物质上的消耗而有余。

趣味的反面，是干瘪，是萧索。晋朝有位殷仲文，晚年常郁郁不乐，指着院子里头的大槐树叹气，说道："此树婆娑，生意尽矣。"一棵新栽的树，欣欣向荣，何等可爱，到老了之后，表面上虽然很婆娑，骨子里生意已尽，算是这一期的生活完结了。殷仲文这两句话，是用很好的文学技能，表出那种颓唐落寞的情绪。我以为，这种情绪是再坏没有的了。无论一个人或一个社会，倘若被这种情绪侵入弥漫，这个人或这个社会算是完了。再不会有长进。何止没长进，什么坏事，都要从此产育出来。总而言之，趣味是活动的源泉，趣味干竭，活动便跟着停止。好像机器房里没有燃料，发不出蒸气来。任凭你多大的机器，总要停摆。停摆过后，机器还要生锈，产生许多毒害的物质哩。人类若到把趣味丧失掉的时候，老实说，便是生活得不耐烦，那人虽然勉强留在世间，也不过行尸走肉。倘若全个社会如此，那社会便是痨病的社会，早已被医生宣告死刑。

二

"趣味教育"这个名词,并不是我所创造,近代欧美教育界早已通行了。但他们还是拿趣味当手段,我想进一步,拿趣味当目的。请简单说一说我的意见。

第一,趣味是生活的原动力,趣味丧掉,生活便成了无意义,这是不错。但趣味的性质不见得都是好的。譬如好嫖好赌,何尝不是趣味?但从教育的眼光看来,这种趣味的性质,当然是不好。所谓好不好,并不拿严酷的道德论做标准。既已主张趣味,便要求趣味的贯彻,倘若以有趣始,以没趣终,那么趣味主义的精神,算完全崩落了。《世说新语》记一段故事:"祖约性好钱,阮孚性好屐,世未判其得失。有诣约,见正料量财物,客至屏当不尽,余两小簏,以著背后,倾身障之,意未能平。诣孚,正见自蜡屐,因叹曰:'未知一生当着几纳屐?'意甚闲畅。于是优劣始分。"这段话,很可以作为选择趣的标准。凡一种趣味事项,倘或要瞒人的,或是拿别的苦痛换自己的快乐,或是快乐和烦恼相间相续的,这等统名为下等趣味。严格说起来,他就根本不配做趣味的主体,因为认这类事当趣味的人，常常遇着败兴，而且结果必至于俗语说的"没兴一齐来"而后已。所以我们讲趣味主义的人，绝不承认此等为趣味。人生在幼年、青年期，趣味是最浓的，成天价乱碰乱逛，若不引他到高等趣味的路上，他们便非流入下等趣味不可。没有受过教育的人，固然容易如此；教育教得不如法，学生在学校里头找不出趣味，然而他们的趣味是压不住的，自然会从校课以外，乃至校课反对的方向，去找他的下等趣味，结果，他们的趣味是不能贯彻的，整个变成没趣的人生完事。我们主张趣味教育的人，是要趁儿童或青年趣味正浓，而方向未决定的时候，给他们一种可以终身受用的趣味。这种教育办得圆满，能够令全社会整个永久是有趣的。

第二，既然如此，那么教育的方法，自然也跟着解决了。教育家无论多大能力，总不能把某种学问教通了学生，只能令受教的学生当着某种学问的趣味，或者，学生对于某种学问原有趣味，教育家把他加深加厚。所以，教育事业，从积极方面说，全在唤起趣味，从消极方面说，要十分注意，不可以摧残趣味。摧残趣味有几条路，头一件是注射式的教育。教师把课本里头东西叫学生强记，好像嚼饭给小孩子吃,那饭已经是一点儿滋味没有了,还要叫他照样的嚼几口,仍旧吐出来看,那么,假令我是人小孩子,当然会认吃饭是一件苦不可言的事了。这种教育法,从前教八股完全是如此,现在学校里形式虽变,精神却还是大同小异。这样教下去,只怕永远教不出人才来。第二件是课目太多。为培养常识起见,学堂课目固然不能太少,为恢复疲劳起见,每日的课目固然不能不参错掉换,但这种理论,只能为程度的适用,若用得过分,毛病便会发生。趣味的性质是越引越深。想引得深,总要时间和精力比较的集中才可。若在一个时期内,同时做十来种的功课,走马看花,应接不暇,初时或者惹起多方面的趣味,结果任何方面的趣味都不能养成。那么,教育效率可以等于零。为什么呢?因为受教育受了好些时,件件都是在大门口一望便了,完全和自己的生活不发生关系,这教育不是白费吗?第三件是拿教育的事项当手段。从前,我们学八股,大家有句通行话,说他是敲门砖,门敲开了,自然把砖也抛却,再不会有人和那块砖头发生起恋爱来。我们若是拿学问当作敲门砖看待,断乎不能有深入而且持久的趣味。我们为什么学数学,因为数学有趣,所以学数学。为什么学历史，因为历史有趣，所以学历史。为什么学画画，学打球，因为画画有趣，打球有趣，所以学画画，学打球。人生的状态，本来是如此，教育的最大效能，也只是如此。各人选择他趣味最浓的事项做职业，自然，一切劳作都是目的，不是手段，越劳作越发有趣。反过来，若是学法政用来作做官的手段，官做不成怎么样呢？学经济用来做发财的手段，财发不成怎么样呢？结果必至于把趣味完全送掉。所以，教育家最要紧教学生知道，是为学问而学问，为活动而活动，所有学问，所有活动，都是目的，不是手段，学生能领会得这个见解，他的趣味，自然终身不衰了。

三

以上所说，是我主张趣味教育的要旨。既然如此，那么在教育界立身的人，应该以教育为唯一的趣味，更不消说了。一个人若是在教育上不感觉有趣味，我劝他立刻改行，何必在此受苦？既已打算拿教育做职业，便要认真享乐，不辜负了这里头的妙味。

第一章 教育的意义

清华大学藤影荷声之馆。与工字厅后厅以"三步廊"相接,有一所精雅的小客厅,俗称"西客厅"或"西花厅"。初建时也是一所书房,自领一小院,院内紫藤冒架,榥外红莲映窗,是工字厅大院内最幽美的所在。1914年秋,梁启超曾在这里"赁馆著书",起名"还读轩"。从1925年起,著名文学家吴宓(字雨僧)在这里"奠居",取名"藤影荷声之馆"。

孟子说:"君子有三乐,而王天下不与存焉。"那第三种就是:"得天下英才而教育之。"他的意思是说,教育家比皇帝要快乐。他这话绝不是替教育家吹空气,实际情形确是如此。我常想,我们对于自然界的趣味,莫过于种花。自然界的美,像山水风月等等,虽然能移我情,但我和他没有特殊密切的关系,他的美妙处,我有时便领略不出。我自己手种的花,他的生命和我的生命简直并合为一,所以我对着他,有说不出来的无上妙味。凡人工所做的事,那失败和成功的程度都不能预料,独有种花,你只要用一分心力,自然有一分效果还你,而且效果是日日不同,一日比一日进步。教育事业正和种花一样,教育者与被教育者的生命是并合为一的,教育者所用的心力,真是俗语说的"一分钱一分货",丝毫不会枉费。所以,我们要选择趣味最真而最长的职业,再没有别样比得上教育。

现在的中国,政治方面,经济方面,没有那件说起来不令人头痛,但回到我们教育的本行,便有一条光明大路,摆在我们前面。从前国家托命,靠一个皇帝,皇帝不行,就望太子,所以许多政论家——像贾长沙一流,都最注重太子的教育。如今,国家托命是在人民,现在的人民不行,就望将来的人民。现在学校里的儿童、青年,个个都是"太子",教育家便是"太子太傅"。据我看,我们这一代的太子,真是"富于春秋,典学光明",这些当太傅的只要"鞠躬尽瘁",好生把他培养出来,不愁不眼见中兴大业。所以,别方面的趣味,或者难得保持,因为到处挂着"此路不通"的牌子,容易把人的兴头打断,教育家却全然不受这种限制。

教育家还有一种特别便宜的事,因为"教学相长"的关系,教人和自己研究学问分离不开的,自己对于自己所好的学问,能有机会终身研究,是人生最快乐的事。这种快乐,也是绝对自由,一点不受恶社会的限制。做别的职业的人,虽然未尝不可以研究学问,但学问总成了副业了。从事教育职业的人,一面教育,一面学问,两件事完全打成一片。所以别的职业是一重趣味,教育家是两重趣味。

孔子屡屡说:"学而不厌,诲人不倦。"他的门生赞美他说:"正唯弟子不能及也。"一个人谁也不学,谁也不诲人,所难者确在不厌不倦。问他为什么能不厌不倦呢?只是领略得个中趣味,当然不能自已。你想,一面学,一面诲人。人也教得进步了,自己所好的学问也进步了,天下还有比他再快活的事吗?人生在世数十年,终不能一刻不活动。别的活动,都不免常常陷在烦恼里头,独有好学和好诲人,真是可以无入而不自得,若真能在这里得了趣味,还会厌吗,还会倦吗?孔子又说:"知之者不如好之者,好之者不如乐之者。"诸君都是在教育界立身的人，我希望更从教育的可好可乐之点，切实体验，那么，不惟诸君本身得无限受用，我们全教育界，也增加许多活气了。

          1922年4月10日
         在直隶教育联合会讲演

教育家的自家田地

今天在座诸君，多半是现在的教育家，或是将来要在教育界立身的人。我想把教育这门职业的特别好处，和怎样的自己受用法，向诸君说说。所以题目叫做"教育家的自家田地"。

孔子屡次自白，说自己没有别的过人之处，不过是"学而不厌，诲人不倦"。他的门生公西华听了这两句话，便赞叹道："正惟弟子不能及也。"我们从小就读这章书，都以为两句平淡无奇的话，何以见得便是一般人所不能及呢？我年来积些经验，把这章书越读越有味，觉得：学不难，不厌却难；诲人不难，不倦却难。孔子特别过人处和他一生受用处，的确就在这两句话。

不厌不倦，是孔子人生哲学第一要件。"子路问政,……请益,子曰:毋倦。""子张问政,子曰:居之无倦,行之以忠。"《易经》第一个卦,孔子做的象辞说:"天行健,君子以自强不息。"你看他只是教人对于自己的职业忠实做去,不要厌倦。要天体运行一般,片刻不停。为什么如此说呢?因为依孔子的观察,生命即是活动,活动即是生命。活动停止,便是生命停止。然而活动要有原动力——像机器里头的蒸气。人类活动的蒸气在哪里呢?全在各人自己心理作用——对于自己所活动的环境感觉趣味。用积极的话语来表他,便是"乐",用消极的话语来表他,便是"不厌不倦"。

厌倦是人生第一件罪恶,也是人生第一件苦痛。厌倦是一种想脱离活动的心理现象。换一句话说,就是不愿意劳作。你想,一个人不是上帝特制出来充当消化面包的机器,可以一天不劳作吗?只要稍为动一动不愿意劳作的念头,便是万恶渊薮。一面劳作,一面不愿意,拿孔子的话翻过来说:"居之倦,则行之必不能以忠。"不忠实的劳作,不惟消失了劳作效率,而且可以生出无穷弊害,所以说厌倦是人生第一件罪恶。换个方面看,无论何等人,总要靠劳作来维持自己生命,任凭你怎样的不愿意,劳作到底免不掉。免是免不掉，愿是不愿意，天天皱着眉，哭着脸，去做那不愿做的苦工，岂不是活活地把自己关在第十八层地狱？所以说，厌倦是人生第一件苦痛。

诸君听我这番话，谅来都承认不厌倦是做人第一要件了。但怎么样才能做到呢？厌倦是一种心理现象，然而心理却最是不可捉摸的东西，天天自己劝自己，说不要厌呀，不要倦呀！他真是厌倦起来，连自己也没有法想。根本救治法，要从自己劳作中看出快乐——看得像雪一般亮，信得像铁一般坚，那么，自然会兴会淋漓的劳作去，停一会都受不得，那里还会厌倦？再拿孔子的话来说："知之者不如好之者，好之者不如乐之者。"一个人对于自己劳作的环境，能够"好之、乐之"，自然会把厌倦根子永断了。从劳作中得着快乐，这种快乐，别人要帮也帮不来，要抢也抢不去，我起他一个名叫做"自己田地"。

无论做何种职业的人，都各各有他的自己田地。但要问那一块田地最广最大，最丰富，我想再没有能比得上教育家的了。教育家日日做的，终身做的不外两件事，一是学，二是诲人。学是自利，诲人是利他。人生活动目的，除却自利、利他两项外，更有何事？然而操别的职

1919年，蒋百里（前排左二）与梁启超（前排左三）等人参加巴黎和会考察团的合影。1920年，蒋百里从海外归来，他对于文艺复兴时期的精神体会很深，写了一本《欧洲文艺复兴史》。梁启超评论此书为"极有价值之作，述而有创作精神"。《欧洲文艺复兴史》约5万言，由梁启超作序。梁一篇序言竟也写了5万字，与原书字数相等。他又觉"天下固无此序体"，只好另作短序，而将此长序取名《清代学术概论》，单独出版，反过来请蒋百里为该书作了序言。

业的人，往往这两件事当场冲突——利得他人，便不利自己，利得自己，便不利他人。就令不冲突，然而一种活动同时具备这两方面效率者，实在不多。教育这门职业却不然，一面诲人，一面便是学；一面学，一面便拿来诲人。两件事并作一件做，形成一种自利、利他不可分的活动。对于人生目的之实现,再没有比这种职业更为接近,更为直捷的了。

学是多么快活啊!小孩子初初学会走,他那一种得意神情,真是不可以言语形容,我们当学生时代——不问小学到大学,每天总新懂得些从前不懂的道理,总新学会做些从前不会做的事,便觉得自己生命内容日日扩大,天下再愉快的事没有了。出到社会做事之后,论理,人人都有求智识的欲望,谁还不愿意继续学些新学问?无奈所操职业,或者与学问性质不相容,只好为别的事情,把这部分欲望牺牲掉了。这种境况,别人不知如何,单就我自己讲,也曾经过许多回,每回都觉得无限苦痛。人类生理、心理的本能,凡那部分久废不用,自然会渐趋麻木。许久不做学问的人,把学问的胃口弄弱了,便许多智识界的美味在前也吃不进去,人生幸福,算是剥夺了一大半。教育家呢,他那职业的性质,本来是拿学问做本钱,他赚来的利钱也都是学问。他日日立于不能不做学问的地位,把好学的本能充分刺戟。他每日所劳作的工夫,件件都反映到学问,所以他的学问只有往前进,没有往后退。试看,古今中外学术上的发明,一百件中,至少有九十件成于教育家之手。为什么呢?因为学问就是他的本业。诸君啊,须知发明无分大小，发明地球绕日原理，固算发明，发明一种教小孩子游戏方法，也算发明。教育家日日把他所做的学问传授给别人，当其传授时候，日日积有新经验。我信得过：只要肯用心，发明总是不断。试想，自己发明一种新事理，这个快活还了得，恐怕真是古人说得"南面王无以易"哩！就令暂时没有发明，然而能够日日与学问相亲，吸受新知来营养自己智识的食胃，也是人生最幸福的生活。这种生活，除了教育家，恐怕没有充分享受的机会吧？

诲人又是多么快活啊！自己手种一丛花卉，看着他发芽，看着他长叶，看着他含蕾，看着他开花，天天生态不同，多加一分培养工夫，便立刻有一份效验呈现。教学生正是这样。学生变化的可能性极大，你想教他怎么样，自然会怎么样，只要指一条路给他，他自然会往前跑，他跑的速率，常常出你意外。他们天真烂漫，你有多少情分到他，他自然有多少情分到你，只有加多，断无减少——有人说，学校里常常闹风潮，赶教习，学生们真是难缠。我说，教习要闹到被学生赶，当然只有教习的错处，没有学生的错处。总是教习先行失了信用，或是品行可议，或是对学生不亲切，或是学问交代不下，不然断没有被赶之理。因为，凡学生都迷信自己的先生，算是人类通性，先生把被迷信的资格丧掉，全自由取，不能责备学生。——教学生是只有赚钱，不会蚀本的买卖。做官吗，做生意吗，自己一厢情愿，要得如何如何的结果，多半不能得到，有时还和自己所打的算盘走个正反对。教学生绝对不至有这种事，只有所得结果超过你原来的希望。别的事业，拿东西给了人便成了自己的损失，教学生绝不含有这种性质，正是老子说的："既以为人，己愈有；既以与人，己愈多。"越发把东西给人给得多，自己得的好处越发大。这种便宜勾当，算是被教育家占尽了。

自古相传的一句通行话："人生行乐耳。"这句话倘若解释错了，应用错了，固然会生出许多毛病，但这句话的本质并没有错，而且含有绝对的真理。试问，人生不该以快乐为目的，难道该以苦痛为目的吗？但什么叫做"快乐"，不能不加以说明。第一，要继续的快乐。若每日挨许多时候苦，才得一会的乐，便不算继续。第二，要彻底地快乐，若现在快乐，伏下将来苦痛根子，便不算彻底。第三，要圆满的快乐。若拿别人的苦痛，来换自己的快乐，便不算圆满。教育家特别便宜处，第一，快乐就藏在职业的本身，不必等到做完职业之后，找别的事消遣才有快乐，所以能继续。第二，这种快乐任凭你尽量享用，不会生出后患，所以能彻底。第三，拿被教育人的快乐，来助成自己的快乐，所以能圆满。乐哉，教育！乐哉，教育！

东边邻舍张老三，前年去当兵，去年做旅长，今年做师长，买了几多座洋房，讨了几多位姨太太。西边邻舍李老四，前年去做议员，去年做次长，今年做总长，天天燕窝鱼翅请客，出门一步都坐汽车。我们当教育家的，中学吗，百来块钱薪水，小学呢，十来二十块。每天上堂，要上几点钟，讲得不好，还要挨骂，回家来吃饭，只能吃个半饱。苦哉，教育！苦哉，教育！不错，从物质生活看来，他们真是乐，我们真是苦了。但我们要想一想，人类生活，只有物质方面完事吗？燕窝鱼翅，或者真比粗茶淡饭好吃，吃的时候果然也快活，但快活的不是我，是我的舌头，我操多少心弄把戏，还带着将来担惊受怕，来替这两寸来大的舌头当奴才，换他一两秒钟的快活，值得吗？绫罗绸缎挂在我身上，和粗布破袍有什么分别？不过旁人看着漂亮些，这是图我快活呀，还是图旁人快活呢？须知，凡物质上快活，性质都是如此。这种快活，其实和自己渺不相干，自己只有赔上许多苦恼。我们真相信"行乐主义"的人，就要求精神的快活。孔子的"饭疏食饮水，曲肱而枕之，乐亦在其中"，颜子的"一箪食，一瓢饮，在陋巷……不改其乐"，并非骗人的话，也并不带一毫勉强，他们住在"教育快活林"里头，精神上正在高兴到了不得，那些舌头和旁人眼睛的玩意儿，他们有闲工夫管到吗？诸君啊！这个快活林正是你自己所有的财产，千万别要辜负了。

说是这样说，但是"知之非艰，行之惟艰"，厌倦的心理，仍不时袭击我们，抵抗不过，便被他征服。不然，何至公西华说"不能及"呢？我如今再告诉诸君一个切实防卫方法：你想诲人不倦吗？只要学不厌，自然会诲人不倦。一点新学说都不讲求，拿着几年前商务印书馆编的教科书，上堂背诵一遍完事，今日如此，明日如此，今年如此，明年如此，学生们听着个个打盹，先生如何能不倦？当先生的常常拿"和学生赛跑"的精神去做学问，教那一门功课，教一回，自己务要得一回进步，天天有新教材，年年有新教法，怎么还会倦？你想学不厌吗？只要诲人不倦，自然会学不厌。把功课当作无可奈何的敷衍，学生听着有没有趣味，有没有长进，一概不管，那么，当然可以不消自己更求什么学问。既已把诲人当作一件正经事，拿出良心去干，那么，古人说的"教然后知困"，一定会发见出自己十几年前在师范学校里听的几本陈腐讲义不够用，非拼命求新学问，对付不来了，怎么还会厌？还有一个更简便的法子，只要你日日学，自然不厌；只要你日日诲人，自然不倦。趣味这样东西，总是愈引愈深，最怕是尝不着甜头，尝着了一定不能自已。像我们不会打球的人，看见学生们大热天打得满身臭汗，真不知道他所为何来。只要你接连打了一个月，怕你不上瘾？所以，真肯学的人自然不厌，真肯诲人的人自然不倦。这又可以把孔子的话颠倒过来说：总要"行之以忠"，当然会"居之无倦"了。

诸君都是有大好田地的人，我希望再不要"舍其田而芸人之田"，好好的将自己田地打理出来，便一生受用不尽。

1922年8月5日
为东南大学暑期学校学员讲演

科学精神与东西文化

……

科学精神是什么？我姑从最广义解释："有系统之真智识，叫做科学。可以教人求得有系统之真智识的方法，叫做科学精神。"这句话要分三层说明：

第一层，求真智识。智识一般人都有的，乃至连动物都有，科学所要给我们的，就争一个"真"字。一般人对于自己所认识的事物，很容易便信以为真，但只要用科学精神研究下来，越研究便越觉求真之难。譬如说"孔子是人"这句话不消研究，总可以说是真，因为人和非人的分别是很容易看见的。譬如说"老虎是恶兽"，这句话真不真便待考了。欲证明他是真，必要研究兽类具备某种某种性质才算恶，看老虎果曾具备了没有？若说老虎杀人算是恶，为什么人杀老虎不算恶？若说杀同类算是恶，只听见有人杀人，从没听见老虎杀老虎，然则人容或可以叫做恶兽，老虎却绝对不能叫做恶兽了。譬如说"性是善"，或说"性是不善"，这两句话真不真，越发待考了。到底什么叫做"性"？什么叫做"善"？两方面都先要弄明白，倘如孟子说的性咧、情咧、才咧，宋儒说的义理咧、气质咧，闹成一团糟，那便没有标准可以求真了。譬如说"中国现在是共和政治"，这句话便很待考。欲知他真不真，先要把共和政治的内容弄清楚，看中国和他合不合。譬如说"法国是共和政治"，这句话也待考。欲知他真不真，先要问"法国"这个字所包范围如何，若安南也算法国，这句话当然不真了。看这几个例，便可以知道，我们想对于一件事物的性质得有真知灼见，很是不容易。要钻在这件事物里头去研究，要绕着这件事物周围去研究，要跳在这件事物高头去研究，种种分析研究结果，才把这件事物的属性大略研究出来，算是从许多相类似、容易混杂的个体中，发现每个个体的特征。换一个方向，把许多同有这种特征的事物，归成一类，许多类归成一部，许多部归成一组，如是综合研究的结果，算是从许多各自分离的个体中，发现出他们相互间的普遍性。经过这种种工夫，才许你开口说"某件事物的性质是怎么样"。这便是科学第一件主要精神。

第二层，求有系统的真智识。智识不但是求知道一件一件事物便了，还要知道这件事物和那件事物的关系，否则零头断片的智识全没有用处。知道事物和事物相互关系，而因此推彼，得从所已知求出所未知，叫做有系统的智识。系统有二：一竖，二横。横的系统，即指事物的普遍性——如前段所说。竖的系统，指事物的因果律——有这件事物，自然会有那件事物；必须有这件事物，才能有那件事物；倘若这件事物有如何如何的变化，那件事物便会有或才能有如何如何的变化；这叫做因果律。明白因果，是增加新智识的不二法门，因为我们靠他，才能因所已知推见所未知；明白因果，是由智识进到行为的向导，因为我们预料结果如何，可以选择一个目的做去。虽然，因果是不轻容易谈的：第一，要找得出证据；第二，要说得出理由。因果律虽然不能说都要含有"必然性"，但总是愈逼近"必然性"愈好，最少也要含有很强的"盖然性"，倘若仅属于"偶然性"的，便不算因果律。譬如说

"晚上落下去的太阳，明早上一定再会出来"，说"倘若把水煮过了沸度，他一定会变成蒸气"，这等算是含有必然性，因为我们积千千万万回的经验，却没有一回例外；而且为什么如此，可以很明白说出理由来。譬如说"冬间落去的树叶，明年春天还会长出来"，这句话便待考。因为再长出来的，并不是这块叶，而且，这树也许碰着别的变故再也长不出叶来。譬如说"西边有虹霓，东边一定有雨"，这句话越发待考，因为虹霓不是雨的原因，他是和雨同一个原因，或者还是雨的结果。翻过来说："东边有雨，西边一定有虹霓。"这句话也待考，因为雨虽然可以为虹霓的原因，却还须有别的原因凑拢在一处，虹霓才会出来。譬如说"不孝的人要着雷打"，这句话便大大待考，因为，虽然我们也曾听见某个不孝人着雷，但不过是偶然的一回，许多不孝的人不见得都着雷，许多着雷的东西不见得都不孝，而且宇宙间有个雷公会专打不孝人，这些理由完全说不出来。譬如说"人死会变鬼"，这句话越发大大待考，因为从来得不着绝对的证据，而且绝对的说不出理由。譬如说"治极必乱，乱极必治"，这句话便很要待考，因为我们从中国历史上虽然举出许多前例，但说治极是乱的原因，乱极是治的原因，无论如何，总说不下去。譬如说"中国行了联省自治制后，一定会太平"，这话也待考，因为联省自治，虽然有致太平的可能性，无奈我们未曾试过。看这些例，便可知我们想应用因果律求得有系统的智识，实在不容易。总要积无数的经验——或照原样子继续忠实观察，或用人为的加减改变试验，务找出真凭实据，才能确定此事物与彼事物之关系。这还是第一步。再进一步，凡一事物之成毁，断不止一个原因，知道甲和乙的关系还不够，又要知道甲和丙、丁、戊……等等关系。原因之中又有原因，想真知道乙和甲的关系，便须先知道乙和庚、庚和辛、辛和壬……等等关系。不经过这些工夫，贸贸然下一个断案，说某事物和某事物有何等关系，便是武断，便是非科学的。科学家以许多有证据的事实为基础，逐层逐层看出他们的因果关系，发明种种含有必然性或含有极强盖然性的原则，好像拿许多结实麻绳组织成一张网。这网愈织愈大，渐渐的涵盖到这一组知识的全部，便成了一门科学。这是科学第二件主要精神。

第三层，可以教人的智识。凡学问有一个要件，要能"传与其人"。人类文化所以能成立，全由于一人的智识能传给多数人，一代的智识能传给次代。我费了很大的工夫，得了一种新智识，把他传给别人，别人费比较小的工夫，承受我的智识之全部或一部，同时腾出别的工夫，又去发明新智识。如此教学相长，递相传授，文化内容自然一日一日的扩大。倘若智识不可以教人，无论这项智识怎样的精深博大，也等于"人亡政息"，于社会文化绝无影响。中国凡百学问，都带一种"可以意会，不可以言传"的神秘性，最足为智识扩大之障碍。例如医学，我不敢说中国几千年没有发明，而且我还信得过确有名医。但总没有法传给别人，所以今日的医学，和扁鹊、仓公时代一样，或者还不如。又如修习禅观的人，所得境界，或者真是圆满庄严，但只好他一个人独享，对于全社会文化竟不发生丝毫关系。中国所有学问的性质，大抵都是如此。这也难怪，中国学问，本来是由几位天才绝特的人"妙手偶得"——本来不是按步就班的循着一条路去得着，何从把一条应循之路指给别人？科学家恰恰相反，他们一点点智识，都是由艰苦经验得来；他们说一句话总要举出证据，自然要将证据之如何搜集、如何审定一概告诉人；他们主张一件事总要说明理由，理由非能够还原不可，自然要把自己思想经过的路线，顺次详叙。所以别人读他一部书，或听他一回讲义，不惟能够承受他研究所得之结果，而且一并承受他如何能研究得此结果之方法，而且可以用他的方法来批评他的错误。方法普及于社会，人人都可以研究，自然人人都会有发明。这是科学第三件主要精神。

……

1922年8月20日

在南通为科学社年会讲演，有删改

为学与做人

诸君,我在南京讲学将近三个月了。这边苏州学界里头,有好几回写信邀我,可惜我在南京是天天有功课的,不能分身前来。今天到这里,能够和全城各校诸君聚在一堂,令我感激得很。但有一件,还要请诸君原谅,因为我一个月以来,都带着些病,勉强支持,今天不能作很长的讲演,恐怕有负诸君期望哩。

问诸君:"为什么进学校?"我想人人都会众口一辞的答道:"为的是求学问。"再问:"你为什么要求学问?""你想学些什么?"恐怕各人的答案就很不相同,或者竟自答不出来了。诸君啊,我替你们总答一句罢:"为的是学做人。"你在学校里头学的什么数学、几何、物理、化学、生理、心理、历史、地理、国文、英语,乃至什么哲学、文学、科学、政治、法律、经济、教育、农业、工业、商业等等，不过是做人所需要的一种手段，不能说专靠这些便达到做人的目的。任凭你把这些件件学得精通，你能够成个人不能成个人，还是个问题。

人类心理有知、情、意三部分。这三部分圆满发达的状态，我们先哲名之为三达德——智、仁、勇。为什么叫做"达德"呢？因为这三件事是人类普通道德的标准，总要三件具备才能成一个人。三件的完成状态怎么样呢？孔子说："知者不惑，仁者不忧，勇者不惧。"所以教育应分为知育、情育、意育三方面。——现在讲的智育、德育、体育，不对，德育范围太笼统，体育范围太狭隘。——知育要教到人不惑，情育要教到人不忧，意育要教到人不惧。教育家学教学生，应该以这三件为究竟，我们自动的自己教育自己，也应该以这三件为究竟。

怎么样才能不惑呢？最要紧是养成我们的判断力。想要养成判断力，第一步，最少须有相当的常识；进一步，对于自己要做的事须有专门智识；再进一步，还要有遇事能断的智慧。假如一个人连常识都没有，听见打雷，说是雷公发威，看见月蚀，说是蛤蟆贪嘴。那么，一定闹到什么事都没有主意，碰着一点疑难问题，就靠求神问卜，看相算命去解决，真所谓"大惑不解"，成了最可怜的人了。学校里，小学、中学所教，就是要人有了许多基本的常识，免得凡事都暗中摸索。但仅仅有这点常识还不够。我们做人，总要各有一件专门职业。这门职业，也并不是我一人破天荒去做，从前已经许多人做过。他们积了无数经验，发现出好些原理原则，这就是专门学识。我打算做这项职业，就应该有这项专门学识。例如，我想做农吗，怎么的改良土壤，怎么的改良种子，怎么的防御水旱病虫，等等，都是前人经验有得成为学识的。我们有了这种学识，应用他来处置这些事，自然会不惑；反是则惑了。做工、做商，等等，都各各有他的专门常识，也是如此。我想做财政家吗，何种租税可以生出何样结果，何种公债可以生出何样结果，等等，都是前人经验有得成为学识的。我们有了这种学识，应用他来处置这些事，自然会不惑；反是则惑了。教育家、军事家，等等，都各各有他的专门学识，也是如此。我们在高等以上学校所求的智识，就是这一类。但专靠这种常识和学识就够吗？还不能。宇宙和人生是活的，不是呆的，我们每日所碰见的事理是复杂的，变化的，不是单纯的，印板的。倘若我们只是学过这一件才懂这一件，那么，碰着一件没有学过的事来到跟前，便手忙脚乱了。所以，还要养成总体的智慧，才能得有根本的判断力。这种总体的智慧如何才能养成呢？第一件，要把我们向来粗浮的脑筋，着实磨炼他，叫他变成细密而且踏实。那么，无论遇着如何繁难的事，我都可以彻头彻尾想清楚他的条理，自然不至于惑了。第二件，要把我们向来昏浊的脑筋，着实将养他，叫他变成清明。那么，一件事理到跟前，我才能很从容，很莹澈的去判断他，自然不至于惑了。以上所说常识、学识和总体的智慧，都是智育的要件，目的是教人做到知者不惑。

怎么样才能不忧呢，为什么仁者便会不忧呢？想明白这个道理，先要知道中国先哲的人生观是怎么样。"仁"之一字，儒家人生观的全体大用都包在里头。"仁"到底是什么？很难用言语说明。勉强下个解释，可以说是："普遍人格之实现。"孔子说："仁者人也。"意思说是人格完成就叫做"仁"。但我们要知道，人格不是单独一个人可以表现的，要从人和人的关系上看出来。所以"仁"字从二人，郑康成解他做"相人偶"。总而言之，要彼我交感互发，成为一体，然后我的人格才能实现。所以我们若不讲人格主义，那便无话可说，讲到这个主义，当然归宿到普遍人格。换句话说，宇宙即是人生，人生即是宇宙，我的人格，和宇宙无二无别。体验得这个道理，就叫做"仁者"。然则这种仁者为甚么就会不忧呢？大凡忧之所从来，不外两端，一曰忧成败，二曰忧得失。我们得着"仁"的人生观，就不会忧成败。为什么呢？因为，我们知道宇宙和人生是永远不会圆满的，所以《易经》六十四卦，始"乾"而终"未济"，正为在这永远不圆满的宇宙中，才永远容得我们创造进化。我们所做的事，不过在宇宙进化几万万里的长途中，往前挪一寸两寸，哪里配说成功呢！然则不做怎么样呢？不做便连这一寸两寸都不往前挪，那可真真失败了。"仁者"看透这种道理，信得过只有不做事才算失败，肯做事便不会失败。所以《易经》说："君子以自强不息。"换一方面来看，他们又信得过凡事不会成功的，几万万里路挪了一两寸，算成功吗？所以《论语》说："知其不可而为之。"你想，有这种人生观的人，还有什么成败可忧呢？再者，我们得着"仁"的人生观，便不会忧得失。为什么呢？因为认定这件东西是我的，才有得失之可言，连人格都不是单独存在，不能明确的画出这一部分是我的，那一部分是人家的，然则哪里有东西可以为我们所得？既已没有东西为我所得，当然也没有东西为我所失。我只是为学问而学问，为劳动而劳动，并不是拿学问、劳动等等做手段，来达某种目的——可以为我们"所得"的。所以老子说："生而不有，为而不恃。""既以为人，己愈有；既以与人，己愈多。"你想，有这种人生观的人，还有什么得失可忧呢？总而言之，有了这种人生观，自然会觉得"天地与我并生，而万物与我为一"，自然会"无人而不自得"。他的生活，纯然是趣味化，艺术化，这是最高的情感教育，目的教人做到仁者不忧。

怎么样才能不惧呢？有了不惑不忧功夫，惧当然会减少许多了。但这是属于意志方面的事，一个人若是意志力薄弱，便有很丰富的智识，临时也会用不着，便有很优美的情操，临时也会变了卦。然则意志怎么才会坚强呢？头一件，须要心地光明，孟子说："浩然之气，至大至刚。行有不慊于心，则馁矣。"又说："自反而不缩，虽褐宽博，吾不惴焉；自反而缩，虽千万人，吾往矣。"俗话说得好："生平不作亏心事，夜半敲门也不惊。"一个人要保持勇气，须要从一切行为可以公开做起，这是第一着。第二件，要不为劣等欲望之所牵制。《论语》记："子曰：吾未见刚者。或对曰：申枨。子曰：枨也欲，焉刚？"一被物质上无聊的嗜欲东拉西扯，那么百炼成钢也会变成绕指柔了。总之，一个人的意志，由刚强变成薄弱极易，由薄弱返到刚强极难。一个人有了意志薄弱的毛病，这个人可就完了。自己作不起自己的主，还有什么事可做？受别人压制，做别人奴隶，自己只要肯奋斗，终须能恢复自由。自己的意志做了自己情欲的奴隶，那么真是万劫沉沦，永无恢复自由的余地，终身畏首畏尾，成了个可怜人了。孔子说："和而不流，强哉矫；中立而不倚，强哉矫；国有道，不变塞焉，强哉矫；国无道，至死不变，强哉矫。"我老实告诉诸君说罢，做人不做到如此，决不会成一个人。但做到如此，真是不容易，非时时刻刻做磨炼意志的功夫不可。意志磨炼得到家，自然是看着自己应做的事，一点不迟疑，扛起来便做，"虽千万人吾往矣"。这样才算顶天立地做一世人，绝不会有藏头躲尾、左支右绌的丑态。这便是意育的目的，要教人做到勇者不惧。

我们拿这三件事作做人的标准，请诸君想想，我自己现时做到那一件——那一件稍为有一点把握。倘若连一件都不能做到,连一点把握都没有,哎哟,那可真危险了,你将来做人恐怕就做不成。讲到学校里的教育吗,第二层的情育,第三层的意育,可以说完全没有,剩下的只有第一层的知育。就算知育罢,又只有所谓常识和学识,至于我所讲的总体智慧靠来养成根本判断力的,却是一点儿也没有。这种"贩卖智识杂货店"的教育,把他前途想下去,真令人不寒而栗。现在这种教育,一时又改革不来,我们可爱的青年,除了他更没有可以受教育的地方。诸君啊,你到底还要做人不要?你要知道危险呀!非你自己抖擞精神,方法自救,没有人救你呀!

诸君啊,你千万别要以为得些断片的智识,就算是有学问呀!我老实不客气告诉你罢,你如果做成一个人,智识自然是越多越好,你如果做不成一个人,智识却是越多越坏。你不信吗?试想想,全国人所唾骂的卖国贼某人某人,是有智识的呀,还是没有智识的呢?试想想,全国人所痛恨的官僚政客——专门助军阀作恶鱼肉良民的人,是有智识的呀,还是没有智识的呢?诸君须知道啊,这些人当十几年前在学校的时代,意气横厉,天真烂漫,何尝不和诸君一样？为什么就会堕落到这样的田地呀？屈原说："何昔日之芳草兮，今直为此萧艾也！岂其有他故兮，莫好修之害也。"天下最伤心的事，莫过于看着一群好好的青年，一步一步的往坏路上走。诸君猛醒啊，现在你所厌所恨的人，就是你前车之鉴了。

诸君啊，你现在怀疑吗，沉闷吗，悲哀痛苦吗，觉得外边的压迫你不能抵抗吗？我告诉你，你怀疑和沉闷，便是你因不知才会惑；你悲哀痛苦，便是你因不仁才会忧；你觉得你不能抵抗外界的压迫，便是你因不勇才有惧。这都是你的知、情、意未经过修养磨炼，所以还未成个人。我盼望你有痛切的自觉啊！有了自觉，自然会自动。那么学校之外，当然有许多学问，读一卷经，翻一部史，到处都可以发现诸君的良师呀。

诸君啊，醒醒罢！养足你的根本智慧，体验出你的人格人生观，保护好你的自由意志。你成人不成人，就看这几年哩！

1922年12月27日为
苏州学生联合会公开讲演

辞清华教授一职

——1928年6月×日—19日　致梁思顺

这几天天天盼你的安电,昨天得到一封外国电报以为是了,打开来却是思成的,大概三五天内,你的好消息也该到哩。

天津这几天在极混乱极危急中,但住在租界里安然无事,我天天照常的读书玩耍,却像世外桃源一般。

我的病不知不觉间已去得无影无踪了,并没有吃药及施行何种治疗,不知怎样竟自自己会好了。中间因着凉,右膀发痛(也是多年前旧病),牵动着小便也红了几天,膀子好后,那老病也跟着好了。

近日最痛快的一件事,是清华完全摆脱,我要求那校长在他自己辞职之前先批准我辞职,已经办妥了。在这种形势之下，学生也不再来纠缠，我从此干干净净，虽十年不到北京，也不发生什么责任问题，精神上很是愉快。

思成回来的职业，倒是问题，清华已经替他辞掉了，东北大学略已定局，惟现在奉天前途极混沌，学校有无变化，殊不可知，只好随遇而安罢，好在他虽暂时不得职业，也没甚紧要。

你们的问题，早晚也要发生，但半年几个月内，怕还顾不及此，你们只好等他怎么来怎么顺应便是了。

我这几个月来生活很有规则，每天九时至十二时，三时至五时做些轻微而有趣的功课，五时以后照例不挨书桌子，晚上总是十二点以前上床，床上看书不能免，有时亦到两点后乃睡着，但早上仍起得不晚。（以上两纸几天以前写的，记不得日子了）。

十九日记

三天前得着添丁喜安电，阖家高兴之至，你们盼望添个女孩子，却是王姨早猜定是男孩子，他的理由说是你从前脱掉一个牙，便换来一个男孩，这回脱两个牙，越发更

第一章 教育的意义

上图为学生在化学实验室内做实验。下图为1937年,来到南京乡下的金陵女子文理学院的女学生。

是男孩,而且还要加倍有出息,这些话都不管他。这个饱受"犹太式胎教"的孩子,还是男孩好些,将来一定是个陶朱公。

这回京津意外安谧,总算万幸,天津连日有便衣队滋扰,但闹不出大事来,河北很遭殃(曹武家里也抢得精光),租界太便宜了。

思永关在北京多天,现在火车已通,廷灿、阿时昨今先后入京,思永再过两三天就回来,回来后不再入京。即由津准备行程了。

王姨天天兴高采烈的打扮新房,现在竟将旧房子全部粉饰一新了(全家沾新人的光),这么一来,约也花千元内外。

奉天形势虽极危险,但东北大学决不至受影响,思成聘书已代收下,每月薪金二百六十五元(系初到校教员中之最高额报酬)。那边建筑事业将来有大发展的机会,比温柔乡的清华园强多了。但现在总比不上在北京舒服,不知他们夫妇愿意不。(尚未得他信,他来信总是很少。)我想有志气的孩子,总应该往吃苦路上走。

思永准八月十四由哈尔滨动身,九月初四可到波士顿，届时决定抽空来坎一行。

家用现尚能敷衍，不消寄来，但日内或者须意外之费五千元，亦未可知（因去年在美国赔款额内补助我一件事业，原定今年还继续一年，若党人不愿意，我便连去年的也退还他），若需用时，电告你们便是。

我的旧病本来已经好清楚了两个多月，这两天内忽然又有点发作（但很轻微），因为批阅清华学生成绩，一连赶了二天，便立刻发生影响，真是逼着我做纯粹的老太爷生活了。现在功课完全了结（对本年的清华总算全始全终），再好生将养几天，一定会复元的。

六月十九日　爹爹

磊磊落落,独往独来,大丈夫之志也,大丈夫之行也。

第二章 青年人的担当

忧国与爱国

有忧国者，有爱国者。爱国者语忧国者曰：汝曷为好言国民之所短？曰：吾惟忧之之故。忧国者语爱国者曰：汝曷为好言国民之所长？曰：吾惟爱之之故。忧国之言，使人做愤激之气；爱国之言，使人励进取之心；此其所长也；忧国之言，使人堕颓放之志；爱国之言，使人生保守之思；此其所短也。朱子曰：教学者如扶醉人，扶得东来西又倒。用之不得其当，虽善言亦足矣误天下。为报馆主笔者，于此中消息，不可不留意焉。

今天下之可忧者，莫中国若；天下之可爱者，亦莫中国若。吾愈益忧之，则愈益爱之；愈益爱之，则愈益忧之。既欲哭之，又欲歌之。吾哭矣，谁与踊者？吾歌矣，谁与和者？

日本青年有问任公者曰：支那人皆视欧人如蛇蝎，虽有识之士亦不免，虽公亦不免，何也？任公曰：视欧人如蛇蝎者，惟昔为然耳。今则反是，视欧人如神明，崇之拜之，献媚之，乞怜之，若是者，比比皆然，而号称有识之士者益甚。昔惟人人以为蛇蝎，吾故不敢不言其可爱；今惟人人以为神明，吾故不敢不言其可嫉。若语其实，则欧人非神明、非蛇蝎，亦神明、亦蛇蝎，即神明、即蛇蝎。虽然，此不过就客观的言之耳。若自主观的言之，则我中国苟能自立也，神明将奈何？蛇蝎又将奈何？苟不能自立也，非神明将奈何？非蛇蝎又将奈何？

1899年12月23日

少年强则国强

……

欲言国之老少，请先言人之老少。老年人常思既往，少年人常思将来。惟思既往也，故生留恋心；惟思将来也，故生希望心。惟留恋也，故保守；惟希望也，故进取。惟保守也，故永旧；惟进取也，故日新。惟思既往也，事事皆其所已经者，故惟知照例；惟思将来也，事事皆其所未经者，故常敢破格。老年人常多忧虑，少年人常好行乐。惟多忧也，故灰心；惟行乐也，故盛气。惟灰心也，故怯懦；惟盛气也，故豪壮。惟怯懦也，故苟且；惟豪壮也，故冒险。惟苟且也，故能灭世界；惟冒险也，故能造世界。老年人常厌事，少年人常喜事。惟厌事也，故常觉一切事无可为者；惟好事也，故常觉一切事无不可为者。老年人如夕照,少年人如朝阳;老年人如瘠牛,少年人如乳虎;老年人如僧,少年人如侠;老年人如字典,少年人如戏文;老年人如鸦片烟,少年人如泼兰地酒;老年人如别行星之陨石,少年人如大洋海之珊瑚岛;老年人如埃及沙漠之金字塔,少年人如西伯利亚之铁路;老年人如秋后之柳,少年人如春前之草;老年人如死海之潴为泽,少年人如长江之初发源。此老年与少年性格不同之大略也。任公曰:人固有之,国亦宜然。

……

任公曰:造成今日之老大中国者,则中国老朽之冤业也;制出将来之少年中国者,则中国少年之责任也。彼老朽者何足道,彼与此世界作别之日不远矣,而我少年乃新来而与世界为缘。如僦屋者然,彼明日将迁居他方,而我今日始入此室处,将迁居者,不爱护其窗栊,不洁治其庭庑,俗人恒情,亦何足怪。若我少年者前程浩浩,后顾茫茫,中国而为牛、为马、为奴、为隶,则烹脔鞭箠之惨酷,惟我少年当之;中国如称霸宇内、主盟地球,则指挥顾盼之尊荣,惟我少年享之。于彼气息奄奄、与鬼为邻者何与焉?彼而漠然置之,犹可言也;我而漠然置之,不可

1902年2月8日，继《清议报》后，梁启超在日本横滨创办《新民丛报》，影响力极大。

言也；使举国之少年而果为少年也，则吾中国为未来之国，其进步未可量也。使举国之少年而亦为老大也，则吾中国为过去之国，其澌亡可翘足而待也。故今日之责任，不在他人，而全在我少年。少年智则国智，少年富则国富，少年强则国强，少年独立则国独立，少年自由则国自由，少年进步则国进步，少年胜于欧洲则国胜于欧洲，少年雄于地球则国雄于地球。红日初升，其道大光。河出伏流，一泻汪洋。潜龙腾渊，鳞爪飞扬。乳虎啸谷，百兽震惶。鹰隼试翼，风尘吸张。奇花初胎，矞矞皇皇。干将发硎，有作其芒。天戴其苍，地履其黄。纵有千古，横有八荒。前途似海，来日方长。美哉我少年中国，与天不老！壮哉我中国少年，与国无疆！

1900年2月10日发表
原文为《少年中国说》，有删改

英雄的品质

时势造英雄耶？英雄造时势耶？时势英雄，递相为因，递相为果耶？吾辈虽非英雄，而日日思英雄，梦英雄，祷祀求英雄，英雄之种类不一，而惟以适于时代之用为贵。故吾不欲论旧世界之英雄，亦未敢语新世界之英雄，而惟望有崛起于新旧两界线之中心的过渡时代之英雄。窃以为此种英雄所不可缺之德性，有三端焉：

其一冒险性，是过渡时代之初期所不可缺者也。过渡者，改进之意义也。凡革新者不能保持其旧形，犹进步者必当掷弃其故步。欲上高楼，先离平地；欲适异国，先去故乡；此事势之最易明者也。虽然，保守恋旧者，人之恒性也。《传》曰："凡民可以乐成，难与图始。"故欲开一堂堂过渡之局面，其事正自不易，盖凡过渡之利益，为将来耳。然当过去已去、将来未来之际，最为人生狼狈不堪之境遇。譬有千年老屋，非更新之，不可复居；然欲更新之，不可不先权弃其旧者。当旧者已破、新者未成之顷，往往瓦砾狼藉，器物播散，其现象之苍凉，有十倍于从前焉。寻常之人，观目前之小害，不察后此之大利，或出死力以尼其进行；即一二稍有识者，或胆力不足，长虑却顾，而不敢轻于一发。此前古各国，所以进步少而退步多也。故必有大刀阔斧之力，乃能收筚路蓝缕之功；必有雷霆万钧之能，乃能造鸿鹄千里之势。若是者，舍冒险末由。

其二忍耐性，是过渡时代之中期所不可缺者也。过渡者，可进而不可退者也，又难进而易退者也。摩西之率犹太人出埃及以迁于迦南也，漂流踯躅于沙漠间者四十年，与天气战，与猛兽战，与土蛮战，停辛伫苦，未尝宁居，同行俦类，唧唧怨谗，大业未成，鬓发已白。此寻常豪杰之士，所最扼腕而短气者也。且夫所志愈大者，则其成就愈难；所行愈远者，则其归宿愈迟：事物之公例也。故倡率国民以经此过渡时代者，其间恒遇内界外界、无量无数之阻力，一挫再挫三挫，经数十年、百年，而及身不克见其成者比比然也。非惟不见其成，或乃受唾受骂，虽有口舌而无以自解，故非有过人之忍耐性者，鲜有不半路而退转者也。语曰："行百里者半九十。"掘井九仞，犹为弃井；山亏一篑，遂无成功；惟危惟微，间不容发。故忍耐性者，所以贯彻过渡之目的者也。

其三别择性，是过渡时代之末期所不可缺者了。凡国民所贵乎过渡者，不徒在能去所厌离之旧界而已，而更在能达所希望之新界焉。故冒万险忍万辱而不辞，为其将来所得之幸福，足以相偿而有余也。故倡率国民以就此途者，苟不为之择一最良合宜之归宿地，则其负国民也实甚。世界之政体有多途，国民之所宜亦有多途。天下事固有于理论上不可不行，而事实上万不可行者；亦有在他时他地可得极良之结果，而在此时此地反招不良之结果者。作始也简，将毕也巨。故坐于广厦细旃以谈名理，与身入于惊涛骇浪以应事变，其道不得不绝异。故过渡时代之人物，当以军人之魄，佐以政治家之魂。政治家以魂者何？别择性是已。

凡此三种德性，能以一人而具有之者，上也；一群中人，各备一德，组成团体，互相补助，抑其次也。嗟乎！

梁启超与他的妻子和子女。

英雄造时势耶？时势造英雄耶？时势时势，宁非今耶？英雄英雄，在何所耶？抑又闻之，凡一国之进步也，其主动者在多数之国民，而驱役一二之代表人以为助动者，则其事罔不成；其主动者在一二之代表人，而强求多数之国民以为助动者,则其事鲜不败!故吾所思所梦所禖祀者,不在轰轰独秀之英雄,而在芸芸平等之英雄!

1901年6月26日发表
原文为《过渡时代论》,有删改

竭吾才则于心无愧
——1916年6月22日 致梁思成、梁思永

思成、思永同读：

　　来禀已悉。新遭祖父之丧，来禀无哀痛语，殊非知礼。汝年幼姑勿责也。汝等能升级固善，不能也不必愤懑。但问果能用功与否，若既竭吾才则于心无愧。若缘怠荒所致，则是自暴自弃，非吾家佳子弟矣。闻汝姊言，汝等颇知习劳苦学俭朴，吾心甚慰，宜益图向上。吾再听汝姊考语，以为忧喜也。

　　　　　　　　　　　　　　　　饮冰　六月二十二日

东南大学课毕告别辞

诸君,我在这边讲学半年,大家朝夕在一块儿相处,我很觉得快乐。并且因为我任有一定的功课,也催逼着我把这部十万余言的《先秦政治思想史》著成,不然,恐怕要等到十年或十余年之后。中间不幸身体染有小病,即今还未十分复原,我常常恐怕不能完课,如今幸得讲完了。这半年以来,听讲的诸君,无论是正式选课或是旁听,都是始终不曾旷课,可以证明诸君对于我所讲有十分兴味。今当分别,彼此实在很觉得依恋难舍,因为我们这半年来,彼此人格上的交感不少。最可惜者,因为时间短促,以致仅有片面的讲授,没有相互的讨论,所谓"教学相长",未能如愿做到。今天为这回最末的一次讲演,当作与诸君告别之辞。

诸君千万不要误解,说梁某人是到这边来贩卖知识。我自计知识之能贡献于诸君者实少。知识之为物,实在是无量的广漠,谁也不能说他能给谁以绝对不易的知识,顶多,亦只承认他有相对的价值。即如讲奈端①罢,从前总算是众口同词的认为可靠,但是现在,安斯坦②又几乎完全将他推倒。专门的知识,尚且如此,何况像我这种泛滥杂博的人,并没有一种专门名家的学问呢?所以切盼诸君,不要说我有一艺之长,讲的话便句句可靠。最多,我想,亦只叫诸君知道我自己做学问的方法。譬如诸君看书,平素或多忽略不经意的地方,必要寻着这个做学问的方法,乃能事半功倍。真正做学问,乃是找着方法去自求,不是仅看人家研究所得的结果。因为人家研究所得的结果,终是人家的,况且所得的,也未必都对。讲到此处,我有一个笑话告诉诸君。记得某一本小说里说:"吕纯阳下山觅人传道,又不晓得谁是可传,他就设法来试验。有一次,在某地方,遇着一个人,吕纯阳登时将手一

---

① 牛顿。
② 爱因斯坦。

指，点石成金。就问那个人要否？那人只摇着头，说不要。吕纯阳再点一块大的试他，那人仍是不为所动。吕纯阳心里便十分欢喜，以为道有可传的人了，但是还恐怕靠不住，再以更大的金块试他，那人果然仍是不要。吕纯阳便问他不要的原因，满心承望他答复一个热心向道。哪晓得那人不然，他说，我不要你点成了的金块，我是要你那点金的指头，因为有了这指头，便可以自由点用。"这虽是个笑话，但却很有意思。所以很盼诸君，要得着这个点石成金的指头——做学的方法，那么，以后才可以自由探讨，并可以辩正师傅的是否。

教拳术的教师，最少要希望徒弟能与他对敌，学者亦当悬此为鹄，最好是要青出于蓝而胜于蓝。若仅仅是看前人研究所得，而不自行探讨，那么，得一便不能知其二。且取法乎上，得仅在中，这样，学术岂不是要一天退化一天吗？人类知识进步，乃是要后人超过前人。后人应用前人的治学方法，而复从旧方法中，开发出新方法来，方法一天一天的增多，使一天一天的改善，拿着改善的新方法去治学，自然会优于前代。我个人的治学方法，或可以说是不错，我自己应用来也有些成效，可惜这次全部书中所说的，仍为知识的居多，还未谈做学的方法。倘若诸君细心去看，也可以寻找得出来，既经找出，再循着这方法做去，或者更能发见我的错误，或是来批评我，那就是我最欢喜的。

我今天演讲，不是关于知识方面的问题，诚然，知识在人生地位上，也是非常紧要，我从来并未将他看轻。不过，若是偏重知识，而轻忽其他人生重要之部，也是不行的。现在中国的学校，简直可说是贩卖知识的杂货店，文、哲、工、商，各有经理，一般来求学的，也完全以顾客自命。固然欧美也同坐此病，不过病的深浅，略有不同。我以为长此以往，一定会发生不好的现象。中国现今政治上的窳败，何尝不是前二十年教育不良的结果。盖二十年前的教育，全采用日德的军队式，并且仅能袭取皮毛，以至造成今日一般无自动能力的人。现在哩，教育是完全换了路了，美国式代日式、德式而兴，不出数年，我敢说是全部要变成美国化，或许我们这里——东南大学——就是推行美化的大本营。美国式的教育，诚然是比德国式、日本式的好，但是毛病还很多，不是我们理想之鹄。英人罗素回国后，颇艳称中国的文化，发表的文字很多，他非常盼望我们这占全人类四分之一的特殊民族，不要变成了美国的"丑化"。这一点可说是他看得很清楚。美国人切实敏捷，诚然是他们的长处，但是中国人即使全部将他移植过来，使纯粹变成了一个东方的美国，慢讲没有这种可能，即能，我不知道诸君怎样，我是不愿的。因为倘若果然如此，那真是罗素所说的，把这有特质的民族，变成了丑化了。我们看得很清楚，今后的世界，决非美国式的教育所能域领。现在多数美国的青年，而且是好的青年，所作何事？不过是一生到死，急急忙忙的，不任一件事放过。忙进学校，忙上课，忙考试，忙升学，忙毕业，忙得文凭，忙谋事，忙花钱，忙快乐，忙恋爱，忙结婚，忙养儿女，还有最后一忙——忙死。他们的少数学者，如詹姆士之流，固然总想为他们别开生面，但是大部分已经是积重难返。像在这种人生观底下过活，那么，千千万万人，前脚接后脚的来这世界上走一趟，住几十年，干些什么哩？惟一无二的目的，岂不是来做消耗面包的机器吗？或是怕那宇宙间的物质运动的大轮子，缺了发动力，特自来供给他燃料。果真这样，人生还有一毫意味吗？人类还有一毫价值吗？现在全世界的青年，都因此无限的悽惶失望。知识愈多，沉闷愈苦，中国的青年，尤为利害，因为政治社会不安宁，家国之累，较他人为甚，环顾宇内，精神无可寄托。从前西人惟一维系内心之具，厥为基督教，但是科学昌明后，第一个致命伤，便是宗教。从前在苦无可诉的时候，还得远远望着冥冥的天堂；现在呢，知道了，人类不是什么上帝创造，天堂更渺不可凭。这种宗教的麻醉剂，已是无法存在。讲到哲学吗，西方的哲人，素来只是高谈玄妙，不得真际，所足恃为人类安身立命之具，也是没有。再如讲到文学吗，似乎应该少可慰藉，但是欧美现代的文学，完全是刺戟品，不过叫人稍醒麻木，但一切耳目口鼻所接，都足陷入于疲敝，刺戟一次，疲麻的程度又增加一次。如吃辣椒然，寝假而使舌端麻木到极点，势非取用极辣的胡椒来刺戟不可。这种刺戟的功用，简直如有烟癖的人，把鸦片或吗啡提精神一般。虽精神或可暂时振起，但是这种精神，不是鸦片和吗啡带得来的，是预支将来的精神。所以说，一次预支，一回减少；一番刺戟，一度疲麻。现在他们的文学，只有短篇的最合胃口，小诗两句或三句，戏剧要独幕的好。至于荷马、但丁、屈原、宋玉，那种长篇的作品，可说是不曾理会。

因为他们碌碌于舟车中,时间来不及,目的只不过取那种片时的刺戟,大大小小,都陷于这种病的状态中。所以他们一般有先见的人,都在遑遑求所以疗治之法。我们把这看了,那么,虽说我们在学校应求西学,而取舍自当有择,若是不问好歹,无条件的移植过来,岂非人家饮鸩,你也随着服毒?可怜可笑孰甚!

近来,国中青年界很习闻的一句话,就是"知识饥荒",却不晓得,还有一个顶要紧的"精神饥荒"在那边。中国这种饥荒,都闹到极点,但是只要我们知道饥荒所在,自可想方法来补救。现在精神饥荒,闹到如此,而人多不自知,岂非危险?一般教导者,也不注意在这方面提倡,只天天设法怎样将知识去装青年的脑袋子,不知道精神生活完全,而后多的知识才是有用。苟无精神生活的人,为社会计,为个人计,都是知识少装一点为好。因为无精神生活的人,知识愈多,痛苦愈甚,作歹事的本领也增多。例如黄包车夫,知识粗浅,他决没有有知识的青年这样的烦闷,并且作恶的机会也很少。大奸慝的卖国贼,都是智识阶级的人做的。由此可见,没有精神生活的人,有知识实在危险。盖人苟无安身立命之具，生活便无所指归，生理心理，并呈病态。试略分别言之；就生理言，阳刚者必至发狂自杀，阴柔者自必委靡沉溺。再就心理言，阳刚者便悍然无顾，充分的恣求物质上的享乐，然而欲望与物质的增加率，相竞腾升，故虽有妻妾官室之奉，仍不觉快乐；阴柔者便日趋消极，成了一个竞争场上落伍的人，悽惶失望，更为痛苦。故谓精神生活不全，为社会，为个人，都是知识少点的为好。因此我可以说为学的首要，是救精神饥荒。

救济精神饥荒的方法，我认为东方的——中国与印度——比较最好。东方的学问，以精神为出发点；西方的学问，以物质为出发点。救知识饥荒，在西方找材料；救精神饥荒，在东方找材料。东方的人生观，无论中国、印度，皆认物质生活为第二位，第一，就是精神生活。物质生活，仅视为补助精神生活的一种工具，求能保持肉体生存为已足，最要，在求精神生活的绝对自由。精神生活，贵能对物质界宣告独立，至少，要不受其牵掣。如吃珍味，全是献媚于舌，并非精神上的需要，劳苦许久，仅为一寸软肉的奴隶，此即精神不自由。以身体全部论，吃面包亦何尝不可以饱？甘为肉体的奴隶，即精神为所束缚，必能不承认舌——一寸软肉为我，方为精神独立。东方的学问道德，几全部是教人如何方能将精神生活，对客观的物质或己身的肉体宣告独立，佛家所谓解脱，近日所谓解放，亦即此意。客观物质的解放尚易，最难的为自身——耳目口鼻……的解放。西方言解放，尚不及此，所以就东方先哲的眼光看去，可以说是浅薄的，不彻底的。东方的主要精神，即精神生活的绝对自由。求精神生活绝对自由的方法，中国、印度不同。印度有大乘、小乘不同，中国有儒、墨、道各家不同。就讲儒家，又有孟、荀、朱、陆的不同，任各人性质机缘之异，而各择一条路走去。所以具体的方法，很难讲出，且我用的方法，也未见真是对的，更不能强诸君从同。但我自觉烦闷时少，自二十余岁到现在，不敢说精神已解脱，然所以烦闷少，也是靠此一条路，以为精神上的安慰。

至于先哲教人救济精神饥荒的方法，约有两条：

（一）裁抑物质生活，使不得猖獗，然后保持精神生活的圆满。如先平盗贼，然后组织强固的政府。印度小乘教，即用此法；中国墨家，道家的大部，以及儒家程朱，皆是如此。以程朱为例，他们说的持敬制欲，注重在应事接物上裁抑物质生活，以求达精神自由的境域。

（二）先立高尚美满的人生观，自己认清楚将精神生活确定，靠其势力以压抑物质生活，如此，不必细心检点，用拘谨功夫，自能达到精神生活绝对自由的目的。此法可谓积极的，即孟子说："先立乎其大者，则其小者弗能夺也。"不主张一件一件去对付，且不必如此。先组织强固的政府，则地方自安，即有小丑跳梁，不必去管，自会消灭。如雪花飞近大火，早已自化了。此法佛家大乘教，儒家孟子、陆王皆用之，所谓"浩然之气"，即是此意。

以上二法，我不过介绍与诸君，并非主张诸君一定要取某种方法。两种方法虽异，而认清精神要解脱这一点却同。不过说青年时代应用的，现代所适用的，我以为采积极的方法较好，就是先立定美满的人生观，然后应用之以处世。至于如何的人生观方为美满，我却不敢说。因为我的人生观，未见得真是对的，恐怕能认清最美满的人生观，只有孔子、释迦牟尼有此功夫。我现在将我的人生观讲一讲，对不对，好不好，另为一问题。

我自己的人生观，可以说是从佛经及儒书中领略得来。我确信儒家、佛家有两大相同点：

（一）宇宙是不圆满的，正在创造之中，待人类去努力，所以天天流动不息，常为缺陷，常为未济。若是先已造成——既济的，那就死了，固定了，正因其在创造中，乃如儿童时代，生理上时时变化，这种变化，即人类之努力。除人类活动以外，无所谓宇宙。现在的宇宙，离光明处还远，不过走一步比前好一步，想立刻圆满，不会有的，最好的境域——天堂，大同，极乐世界——不知在几千万年之后，决非我们几十年生命所能做到的。能了解此理，则作事自觉快慰，以前为个人、为社会做事，不成功或做坏了，常感烦闷；明乎此，知做事不成功，是不足忧的。世界离光明尚远，在人类努力中，或偶有退步，不过是一现相。譬如登山，虽有时下，但以全部看，仍是向上走。青年人烦闷，多因希望太过，知政治之不良，以为经一次改革，即行完满，及屡试而仍有缺陷，于是不免失望。不知宇宙的缺陷正多，岂是一步可升天的？失望之因，即根据于奢望过甚。《易经》说："乐则行之，忧则违之，确乎其不可拔。"此言甚精采。人要能如此看，方知人生不能不活动，而有活动，却不必往结果处想，最要不可有奢望。我相信孔子即是此人生观,所以"发愤忘食,乐以忘忧,不知老之将至。"他又说:"智者乐水,仁者乐山;智者动,仁者静;智者乐,仁者寿。"天天快活,无一点烦闷气象,这是一件最重要的事。

(二)人不能单独存在,说世界上那一部分是我,很不对的,所以孔子"毋我",佛家亦主张"无我"。所谓无我,并不是将固有的我压下或抛弃,乃根本就找不出我来。如说几十斤的肉体是我,那么,科学发明,证明我身体上的原质,也在诸君身上,也在树身上;如说精神的某部分是我,我敢说今天我讲演,我已跑入诸君精神里去了,常住学校中许多精神,变为我的一部分。读孔子的书及佛经,孔、佛的精神,又有许多变为我的一部分。再就社会方面说,我与我的父母妻子,究竟有若干区别,许从人——不必尽是纯孝——看父母比自己还重要,此即我父母将我身之我压小。又如夫妇之爱,有妻视其夫,或夫视其妻,比己身更重的。然而何为我呢?男子为我,抑女子为我,实不易分,故彻底认清我之界限,是不可能的事。(此理佛家讲得最精,惜不能多说。)世界上本无我之存在,能体会此意,则自己作事,成败得失,根本没有。

佛说："有一众生不成佛，我不成佛。""我不入地狱，谁入地狱？"至理名言，洞若观火。孔子也说："诚者非但诚己而已也。……"将为我的私心扫除，即将许多无谓的计较扫除，如此，可以做到"仁者不忧"的境域；有忧时，就是"先天下之忧而忧"，为人类——如父母、妻子、朋友、国家、世界——而痛苦。免除私忧，即所以免烦恼。

我认东方宇宙未济人类无我之说，并非伦理学的认识，实在如此。我用功虽少，但时时能看清此点，此即我的信仰。我常觉快乐，悲愁不足扰我，即此信仰之光明所照。我现已年老，而趣味淋漓，精神不衰，亦靠此人生观。至于我的人生观，对不对，好不好，或与诸君的病合不合，都是另外一问题。我在此讲学，并非对于诸君有知识上的贡献，有呢，就在这一点。好不好，我自己也不知道。不过，诸君要知道自己的精神饥荒，要找方法医治，我吃此药，觉得有效，因此贡献诸君采择。世界的将来，要靠诸君努力。

1923年1月13日讲

困难境遇正是磨炼身心最好机会
——1927年1月27日　致孩子们

孩子们：

昨天正寄去一封长信，今日又接到（内夹成、永信）思顺十二月二十七日、思忠二十二日信。前几天正叫银行待金价稍落时汇五百金去，至今未汇出，得信后立刻叫电汇，大概总赶得上交学费了。

寄留支事已汇去三个月的七百五十元，想早已收到。

调新加坡事倒可以商量，等我打听情形再说罢。调智利事幸亏没有办到，不然才到任便裁缺，那才狼狈呢！大抵凡关于个人利害的事只是"随缘"最好。若勉强倒会出岔子，希哲调新加坡时，若不强留那一年，或者现在还在新加坡任上，也未可知。这种虽是过去的事，然而经一事长一智，正可作为龟鉴。所以我也不想多替你们强求。若这回二五附加税项下使馆经费能够有着落，便在冷僻地方——人所不争的多蹲一两年也未始不好。

顺儿着急和愁闷是不对的，到没有办法时一卷起铺盖回国，现已打定这个主意，便可心安理得，凡着急愁闷无济于事者，便值不得急他愁他，我向来对于个人境遇都是如此看法。顺儿受我教育多年，何故临事反不得力，可见得是平日学问没有到家。你小时候虽然也跟着爹妈吃过点苦，但太小了，全然不懂。及到长大以来，境遇未免太顺了。现在处这种困难境遇正是磨炼身心最好机会，在你全生涯中不容易碰着的，你要多谢上帝玉成的厚意，在这个当口做到"不改其乐"的功夫才不愧为爹爹最心爱的孩子哩。

……

忠忠的信很可爱，说的话很有见地，我在今日若还不理会政治，实是对不起国家，对不起自己的良心。不过出面打起旗帜，时机还早，只有秘密预备便是。我现在担任这些事业，也靠着他可以多养活几个人才。（内中固然有亲戚故旧，勉强招呼不以人才为标准者。）近来多在学校演说，多接见学生，也是为此——虽然你娘娘为我的身子天天唠叨我，我还是要这样干。中国病太深了，症候天天变，每变一症，病深一度，将来能否在我们手上救活转来，真不敢说。但国家生命、民族生命总是永久的（比个人长的），我们总是做我们责任内的事，成效如何，自己能否看见，都不必管。

庄庄很乖，你的法文居然赶过四哥了，将来我还要看你的历史学等赶过三哥呢。

思永的字真难认识，我每看你的信，都很费神，你将

1908年，梁启超的九个子女于横滨双涛园合影。

来回国跟着我，非逼着你写一年九宫格不可。

达达昨日入协和，明日才开刀，大概要在协和过年了。我拟带着司马懿、六六们在清华过年（先令他们向你妈妈相片拜年），元旦日才入城，向祖宗拜年，过年后打算去汤山住一礼拜，因为近日太劳碌了，寒假后开学恐更甚。

每天老白鼻总来搅局几次，是我最好的休息机会。（他又来了，又要写信给亲家了。）我游美的事你们意见如何，我现在仍是无可无不可，朋友们却反对得厉害。

一月二十七日
旧历十二月二十四日　爹爹

随便环境怎么样

——1927年3月10日　致孩子们

昨信未发，今日又得顺儿正月三十一、二月五日、二月九日、永儿二月四日、十日的信，顺便再回几句。

使领经费看来总是没有办法，问少川也回答不出所以然，不问他我们亦知道情形。二五附加税若能归中央支配，当然那每年二百万是有的，但这点钱到手后，丘八先生哪里肯吐出来，现在听说又向旧关税下打主意，五十万若能成功，也可以发两个月，但据我看，是没有希望的。你们不回来，真要饿死，但回来后不能安居，也眼看得见。所以我很希望希哲趁早改行，但改行不是件容易的事，我也很知道，请你们斟酌罢。

藻孙是绝对不会有钱还的，他正在天天饿饭，到处该了无数的账,还有八百块钱是我担保的,也没有方法还起。我看他借贷之路,亦已穷了,真不知他将来如何得了。我现在也不能有什么事情来招呼他,因为我现在所招呼的都不过百元内外的事情,但现在的北京得一百元的现金收入,已经等于从前的五六百元了,所以我招呼的几个人,别人已经看着眼红,你二叔在储才馆当很重要的职务,不过百二十元(一天忙得要命),鼎甫在图书馆不过百元,十五舅八十元(算是领干粮不办事),藻孙不愿回北京,他在京也非百元内外可够用,所以我没有法子招呼他,他的前途我看着是很悲惨的(其实哪一个不悲惨,我看许多亲友们一年以后都落到这种境遇),你别要希望他还钱罢。

我从前虽然很愿意思永回国一年,但我现在也不敢主张了,因为也许回来后只做一年的"避难"生涯,那真不值得了。我看暑假后清华也不是现在的局面了,你还是一口气在外国学成之后再说罢。你的信,我过两天只管再和李济之商量一下,但据现在情形,恐怕连他不敢主张了。

思永说我的《中国史》诚然是我对于国人该下一笔大账,我若不把他做成,真是对国民不住,对自己不住。也许最近期间内，因为我在北京不能安居，逼着埋头三两年，专做这种事业，亦未可知，我是无可无不可，随便环境怎么样，都有我的事情做，都可以助长我的兴会和努力的。

电灯要灭了，再谈罢。

续寄一批相片去，老白鼻的最多，分寄你们各人的你们看着一定喜欢。

三月十日　爹爹

那小同同却是连一个相片也没有留下，老白鼻像他那么大时，已经照过好几张了，可见爹爹偏爱。

生活太舒服，容易消磨志气
——1928年5月4日　致梁思成

思成：

你的清华教授闻已提出评议会了，结果如何，两三天内当知道。此事全未得你同意，不过我碰有机会姑且替你筹划，你的主意何在？来信始终未提（因你来信太少，各事多不接头），论理学了工程回来当教书匠是一件极不经济的事，尤其是清华园，生活太舒服，容易消磨志气，我本来不十分赞成，朋友里头丁在君、范旭东都极反对，都说像你所学这门学问，回来后应该约人打伙办个小小的营业公司，若办不到，宁可在人家公司里当劳动者，积三两年经验打开一条生活新路，这些话诚然不错,以现在情形论自组公司万难办到。(恐必须亏本。亏本不要紧,只怕无本可亏。且一发手便做亏本营业,也易消磨志气。)你若打算过几年吃苦生涯,树将来自立基础,只有在人家公司里学徒弟(这种办法你附带着还可以跟着我做一两年学问也很有益),若该公司在天津,可以住在家里,或在南开兼些钟点。但这种办法为你们计,现在最不方便者是徽音不能迎养其母。若你得清华教授,徽音在燕大更得一职,你们目前生活那真合适极了(为我计,我不时到清华,住在你们那里也极方便)。只怕的是"宴安鸩毒",把你们远大的前途耽误了。两方面利害相权,全要由你们自己决定。不过我看见有机会不能放过,姑且替你预备着一条路罢了。

东北大学事也有几分成功的希望,那边却比不上清华的舒服(徽音觅职较难),却有一样好处——那边是未开发的地方,在那边几年情形熟悉后,将来或可辟一新路。只是目前要挨相当的苦。还有一样——政局不定(这一着虽得清华也同有一样的危险),或者到那边后不到几个月便根本要将计划取消。

以上我只将我替你筹划的事报告一下，你们可以斟酌着定归国时日。

五月四日　爹爹

> 不恨年华去也,只恐少年心事,强半为销磨。

第三章
学问是生活,生活是学问

不可放弃责任

天下最可厌、可憎、可鄙之人,莫过于旁观者。

旁观者,如立于东岸,观西岸之火灾,而望其红光以为乐;如立于此船,观彼船之沉溺,而睹其凫浴以为欢。若是者,谓之阴险也不可,谓之狠毒也不可,此种人无以名之,名之曰无血性。嗟乎!血性者,人类之所以生,世界之所以立也;无血性,则是无人类、无世界也。故旁观者,人类之蟊贼,世界之仇敌也。

人生于天地之间,各有责任。知责任者,大丈夫之始也;行责任者,大丈夫之终也;自放弃其责任,则是自放弃其所以为人之具也。是故人也者,对于一家而有一家之责任,对于一国而有一国之责任,对于世界而有世界之责任。一家之人各各自放弃其责任,则家必落;一国之人各各自放弃其责任，则国必亡；全世界人人各各自放弃其责任，则世界必毁。旁观云者，放弃责任之谓也。

中国词章家有警语二句，曰："济人利物非吾事，自有周公孔圣人。"中国寻常人有熟语二句，曰："各人自扫门前雪，不管他人瓦上霜。"此数语者，实旁观派之经典也，口号也。而此种经典口号，深入于全国人之脑中，拂之不去，涤之不净。质而言之，即"旁观"二字代表吾全国人之性质也，是即"无血性"三字为吾全国人所专有物也。呜呼，吾为此惧！

……

虽然，以阳明学知行各一之说论之，彼知而不行者，终是未知而已。苟知之极明，则行之必极勇。猛虎在于后，虽跛者或能跃数丈之涧；燎火及于邻，虽弱者或能运千钧之力。何也？彼确知猛虎、大火之一至，而吾之性命必无幸也。夫国亡种灭之惨酷，又岂止猛虎、大火而已。吾以为举国之旁观者直未知之耳，或知其一二而未知其究竟耳。若真知之，若究竟知之，吾意虽箝其手、缄其口，犹不能使之默然而息，块然而坐也。安有悠悠日月，歌舞太平，如此江山，坐付他族，袖手而作壁上之观，面缚以待死期之至，如今日者耶？嗟乎！今之拥高位，秩厚禄，与夫号称先达名士有闻于时者，皆一国中过去之人也。如已退院之僧，如已闭房之妇，彼自顾此身之寄居此世界，不知尚有几年，故其于国也有过客之观，其苟且以媮逸乐，袖手以终余年，固无足怪焉。若我辈青年，正一国将来之主人也，与此国为缘之日正长。前途茫茫，未知所届。国之兴也，我辈实躬享其荣；国之亡也，我辈实亲尝其惨。欲避无可避，欲逃无可逃，其荣也非他人之所得攘，其惨也非他人之所得代。言念及此，夫宁可旁观耶？夫宁可旁观耶？吾岂好为深文刻薄之言以骂尽天下哉？毋亦发于不忍旁观区区之苦心，不得不大声疾呼，以为我同胞四万万人告也。

旁观之反对曰任。孔子曰："天下有道，丘不与易也。"孟子曰："如欲平治天下，当今之世，舍我其谁也。"任之谓也。

1900年2月

原文为《呵旁观者文》，有删改

处忧患能使人精神振奋
——1916年1月2日　致梁思顺

王姨今晨已安抵沪，幸而今晨到，否则今日必至挨饿。因邻居送饭来者已谢绝也（明日当可举火，今日以面包充饥）。此间对我之消息甚恶，英警署连夜派人来保卫，现决无虞。吾断不至遇险。吾生平所确信，汝等不必为我忧虑。现一步不出门，并不下楼，每日读书甚多，顷方拟著一书名曰《泰西近代思想论》，觉此于中国前途甚有关系，处忧患最是人生幸事，能使人精神振奋，志气强立。两年来所境较安适，而不知不识之间德业已日退，在我犹然，况于汝辈，今复还我忧患生涯，而心境之愉快视前此乃不啻天壤，此亦天之所以玉成汝辈也。使汝辈再处如前数年之境遇者，更阅数年，几何不变为纨绔子哉。此书可寄示汝两弟,且令宝存之。

一月二日

有人来时可将下列书捡托带来,但捡交季常丈处彼自能理会也。《哲学大辞书》七册;《文艺全书》一大厚册,似是早稻田大学编辑,隆文馆发行;《津村经济学》,新改版者。召希哲之故,孟希想已言之,能来则来,否则暂止亦无妨。

学问是生活，生活是学问
——1921年5月30日　致梁思顺

我间数日辄得汝一书，欢慰无量。昨晚正得汝书，言大学校长边君当来。今晨方起，未食点心，此老已来了。弄得我狼狈万状，把我那"天吴紫凤"的英话都迫出来对付了十多分钟。后来才偕往参观南开，请张伯苓当了一次翻译。彼今日下午即入京，我明晨仍入京，拟由讲学社请彼一次，但现在京中学潮未息，恐不能热闹耳。某党揭乱此意中事，希哲当不以介意，凡为社会任事之人必受风波，吾数十年日在风波中生活，此汝所见惯者，俗语所谓见怪不怪，其怪自败，吾行吾素可耳。廷伟为补一主事，甚好。尝告彼"学问是生活，生活是学问"，彼宜从实际上日用饮食求学问、非专恃书本也。汝三姑嘉礼日内便举行，吾著书已极忙，人事纷扰，颇以为苦，但家有喜事，总高兴耳。王姨有病入京就医，闻已大痊矣。

父示娴儿。

五月卅日

胡德将军处本拟用各界名义发一电欢迎，但用何名义未定，日内或以三数私人名作代表其人，则秉三伯唐仲仁静生及我也。

美术与生活

诸君，我是不懂美术的人，本来不配在此讲演。但我虽然不懂美术，却十分感觉美术之必要。好在今日在座诸君，和我同一样的门外汉谅也不少。我并不是和懂美术的人讲美术，我是专要和不懂美术的人讲美术。因为，人类固然不能个个都做供给美术的"美术家"，然而不可不个个都做享用美术的"美术人"。

"美术人"这三个字是我杜撰的，谅来诸君听着很不顺耳。但我确信"美"是人类生活一要素——或者还是各种要素中之最要者，倘若在生活全内容中，把"美"的成分抽出，恐怕便活得不自在甚至活不成。中国向来非不讲美术——而且还有很好的美术，但据多数人见解，总以为美术是一种奢侈品，从不肯和布帛菽粟一样看待，认为生活必需品之一。我觉得中国人生活之不能向上,大半由此。所以,今日要标"美术与生活"这题,特和诸君商榷一回。

问人类生活于什么?我便一点不迟疑答道:"生活于趣味。"这句话虽然不敢说把生活全内容包举无遗,最少也算把生活根芽道出。人若活得无趣,恐怕不活着还好些,而且勉强活也活不下去。人怎样会活得无趣呢?第一种,我叫他做石缝的生活:挤得紧紧的,没有丝毫开拓余地,又好像披枷带锁,永远走不出监牢一步。第二种,我叫他做沙漠的生活:干透了,没有一毫润泽,板死了,没有一毫变化,又好像蜡人一般,没有一点血色,又好像一株枯树,庾子山说的"此树婆娑,生意尽矣"。这种生活是否还能叫做生活,实属一个问题。所以我虽不敢说趣味便是生活,然而敢说没趣便不成生活。

趣味之必要既已如此,然则趣味之源泉在哪里呢?依我看有三种:

第一,对境之赏会与复现。人类任操何种卑下职业,任处何种烦劳境界,要之总有机会和自然之美相接触——所谓水流花放,云卷月明,美景良辰,赏心乐事。只要你在一刹那间领略出来，可以把一天的疲劳忽然恢复，把多少时的烦恼丢在九霄云外。倘若能把这些影像印在脑里头，令他不时复现，每复现一回，亦可以发生与初次领略时同等或仅较差的效用。人类想在这种尘劳世界中得有趣味，这便是一条路。

第二，心态之抽出与印契。人类心理，凡遇着快乐的事，把快乐状态归拢一想，越想越有味，或别人替我指点出来，我的快乐程度也增加。凡遇着苦痛的事，把苦痛倾筐倒箧吐露出来，或别人能够看出我苦痛替我说出，我的苦痛程度反会减少。不惟如此，看出说出别人的快乐，也增加我的快乐；替别人看出说出苦痛，也减少我的苦痛。这种道理，因为各人的心都有个微妙的所在，只要搔着痒处，便把微妙之门打开了。那种愉快，真是得未曾有，所以俗话叫做"开心"。我们要求趣味，这又是一条路。

第三，他界之冥构与蓦进。对于现在环境不满，是人类普通心理，其所以能进化者亦在此。就令没有什么不满，然而在同一环境之下生活久了，自然也会生厌。不满尽管不满，生厌尽管生厌，然而脱离不掉他，这便是苦恼根源。然则怎么救济法呢？肉体上的生活，虽然被现实的

民国时期的上海美专。在建校40年的历史中,学校几经更名:1915年由上海美术院改为上海图画美术院,1921年更名为上海美术专门学校,1930年更名为上海美术专科学校,简称上海美专。上海美专建校之初仅有绘画一科,专攻西洋画,后改为西洋画科。1919年成立校董会,增办为四个专业和两个师范科,并在中国首次提出"不论男女均可入校"。

环境捆死了，精神上的生活，却常常对于环境宣告独立。或想到将来希望如何如何，或想到别个世界，例如文学家的桃源，哲学家的乌托邦，宗教学的天堂、净土如何如何，忽然间超越现实界闯入理想界去，便是那人的自由天地。我们欲求趣味，这又是一条路。

第三种趣味，无论何人都会发动的。但因各人感觉机关用得熟与不熟，以及外界帮助引起的机会有无多少，于是趣味享用之程度，生出无量差别。感觉器官敏则趣味增，感觉器官钝则趣味减；诱发机缘多则趣味强，诱发机缘少则趣味弱。专从事诱发，以刺激各人器官，不使钝的，有三种利器：一是文学，二是音乐，三是美术。

今专从美术讲。美术中最主要的一派，是描写自然之美，常常把我们所曾经赏会，或像是曾经赏会的都复现出来。我们过去赏会的影子印在脑中，因时间之经过，渐渐淡下去，终必有不能复现之一日，趣味也跟着消灭了。一幅名画在此，看一回便复现一回，这画存在，我的趣味便永远存在。不惟如此，还有许多我们从前不注意，赏会不出的，他都写出来指导我们赏会的路，我们多看几次，便懂得赏会方法，往后碰着种种美境，我们也增加许多赏会资料了。这是美术给我们趣味的第一件。

美术中有刻画心态的一派,把人的心理看穿了,喜、怒、哀、乐,都活跳在纸上。本来是日常习见的事,但因他写的惟妙惟肖,便不知不觉间把我们的心弦拨动,我快乐时看他便增加快乐,我苦痛时看他便减少苦痛。这是美术给我们趣味的第二件。

美术中有不写实境、实态而纯凭理想构造成的。有时我们想构一境,自觉模糊断续不能构成,被他都替我表现了,而且他所构的境界种种色色,有许多为我们所万想不到,而且他所构的境界优美高尚,能把我们卑下平凡的境界压下去。他有魔力,能引我们跟着他走,闯进他所到之地。我们看他的作品时,便和他同住一个超越的自由天地。这是美术给我们趣味的第三件。

要而论之,审美本能是我们人人都有的。但感觉器官不常用或不会用,久而久之麻木了。一个人麻木,那人便成了没趣的人;一民族麻木,那民族便成了没趣的民族。美术的功用,在把这种麻木状态恢复过来,令没趣变为有趣。换句话说,是把那渐渐坏掉了的爱美胃口,替他复原,令他常常吸受趣味的营养,以维持增进自己的生活康健。明白这种道理，便知美术这样东西在人类文化系统上该占何等位置了。

以上是专就一般人说。若就美术家自身说，他们的趣味生活，自然更与众不同了。他们的美感，比我们锐敏若干倍，如《牡丹亭》说的"我常一生儿爱好是天然"。我们领略不着的趣味，他们都能领略，领略够了，终把些唾余分赠我们。分赠了我们，他们自己并没有一毫破费，正如老子说的"既以为人，己愈有；既以与人，己愈多"。假使"人生生活于趣味"这句话不错，他们的生活真是理想生活了。

今日的中国，一方面要多出些供给美术的美术家，一方面要普及养成享用美术的美术人。这两件事都是美术专门学校的责任，然而该怎样的督促赞助美术专门学校，叫他完成这责任，又是教育界乃至一般市民的责任。我希望海内美术大家和我们不懂美术的门外汉各尽责任做去。

1922年8月13日
在上海美术专门学校讲演

敬业与乐业

我这题目,是把《礼记》里头"敬业乐群",和《老子》里头"安其居,乐其业"那两句话断章取义造出来。我所说是否与《礼记》《老子》原意相合,不必深求,但我确信"敬业乐业"四个字,是人类生活不二法门。

本题主眼,自然是在"敬"字"乐"字,但必先有业,才有可敬可乐的主体,理至易明。所以在讲演正文以前,先要说说有业之必要。

孔子说:"饱食终日,无所用心,难矣哉!"又说:"群居终日,言不及义,好行小慧,难矣哉!"孔子是一位教育大家,他心目中没有什么人不可教诲,独独对于这两种人,便摇头叹气说道:"难!难!"可见,人生一切毛病都有药可医,惟有无业游民,虽大圣人碰着他,也没有办法。

唐朝有一位名僧百丈禅师，他常常用两句格言教训弟子，说道："一日不做事，一日不吃饭。"他每日除上堂说法之外，还要自己扫地，擦桌子，洗衣服，直到八十岁，日日如此。有一回，他的门生想替他服劳，把他本日应做的工悄悄地都做了，这位言行相顾的老禅师，老实不客气，那一天便绝对的不肯吃饭。

我征引儒门、佛门这两段话，不外证明人人都要正当职业，人人都要不断的劳作。倘若有人问我，百行什么为先？万恶什么为首？我便一点不迟疑答道："百行业为先，万恶懒为首。"没有职业的懒人，简直是社会上蛀米虫，简直是"掠夺别人勤劳结果"的盗贼。我们对于这种人，是要彻底讨伐，万不能容赦的。有人说，我并不是不想找职业，无奈找不出来。我说，职业难找，原是现代全世界普通现象，我也承认。这种现象应该如何救济，别是一个问题，今日不必讨论。但以中国现在情形论，找职业的机会，依然比别国多得多。一个精力充满的壮年人，倘若不是安心躲懒，我敢信他一定能得相当职业。今日所讲，专为现在有职业及现在正做职业上预备的人——

学生——说法,告诉他们,对于自己现有的职业应采何种态度。

第一,要敬业。"敬"字为古圣贤教人做人最简易直捷的法门,可惜被后来有些人说得太精微,倒变了不适实用了。惟有朱子解得最好,他说:"主一无适便是敬。"用现在的话讲,凡做一件事便忠于一件事,将全副精力集中到这事上头,一点不旁骛,便是敬。业有什么可敬呢,为什么该敬呢?人类一面为生活而劳动,一面也是为劳动而生活。人类既不是上帝特地制来充当消化面包的机器,自然该各人因自己的地位和才力,认定一件事去做。凡可以名为一件事的,其性质都是可敬。当大总统是一件事,拉黄包车也是一件事,事的名称,从俗人眼里看来有高下,事的性质,从学理上解剖起来并没有高下。只要当大总统的人信得过我可以当大总统才去当,实实在在把总统当作一件正经事来做;拉黄包车的人信得过我可以拉黄包车才去拉,实实在在把拉车当作一件正经事来做;便是人生合理的生活,这叫做职业的神圣。凡职业没有不是神圣的,所以凡职业没有不是可敬的。惟其如此,所以我们对于各种职业,没有什么分别拣择。总之,人生在世是要天天劳作的，劳作便是功德，不劳作便是罪恶。至于我该做那一种劳作呢？全看我的才能何如，境地何如。因自己的才能境地做一种劳作做到圆满，便是天地间第一等人。

怎样才能把一种劳作做到圆满呢？惟一的秘诀就是忠实，忠实从心理上发出来的便是敬。《庄子》记佝偻丈人承蜩的故事，说道："虽天地之大，万物之多，而惟吾蜩翼之知。"凡做一件事，便把这件事看作我的生命，无论别的什么好处，到底不肯牺牲我现做的事来和他交换。我信得过我当木匠的做成一张好桌子，和你们当政治家的建设成一个共和国家同一价值，我信得过我当挑粪的，把马桶收拾得干净，和你们当军人的打胜一支压境的敌军同一价值。大家同是替社会做事，你不必羡慕我，我不必羡慕你。怕的是我这件事做得不妥当，便对不起这一天里头所吃的饭。所以我做事的时候，丝毫不肯分心到事外。曾文正说："坐这山，望那山，一事无成。"我从前看见一位法国学者著的书，比较英法两国国民性，他说："到英国人公事房里头，只看见他们埋头执笔做他的事，到法国人公事房里头，只看见他们衔着烟卷，像在那里出神。英国人走路，眼注地下，像用全副精神注在走路上，法国人走路，总是东张西望，像不把走路当一回事。"这些话比较得是否确切，姑且不论，但很可以为"敬业"两个字下注脚。若果如他们所说，英国人便是敬，法国人便是不敬。一个人对于自己的职业不敬，从学理方面说，便亵渎职业之神圣；从事实方面说，一定把事情做糟了，结果自己害自己。所以敬业主义，于人生最为必要，又于人生最为有利。庄子说："用志不纷，乃凝于神。"孔子说："素其位而行，不愿乎其外。"我说的敬业，不外这些道理。

第二，要乐业。"做工好苦呀！"这种叹气的声音，无论何人都会常在口边流露出来。但我要问他："做工苦，难道不做工就不苦吗？"今日大热天气，我在这里喊破喉咙来讲，诸君扯直耳朵来听，有些人看着我们好苦；翻过来，倘若我们去赌钱，去吃酒，还不是一样淘神费力，难道又不苦？须知苦乐全在主观的心，不在客观的事。人生从出胎的那一秒钟起，到咽气的那一秒钟止，除了睡觉以外，总不能把四肢五官都搁起不用，只要一用，不是淘神，便是费力，劳苦总是免不掉的。会打算盘的人，只有从劳苦中找出快乐来。我想天下第一等苦人，莫过于无业游民。终日闲游浪荡，不知把自己的身子和心子摆在那里才好,他们的日子真难过。第二等苦人,便是厌恶自己本业的人。这件事分明不能不做,却满肚子里不愿意做,不愿意做,逃得了吗?到底不能,结果还是皱着眉头,哭丧着脸做去,这不是专门自己替自己开玩笑吗?我老实告诉你一句话,凡职业都是有趣味的,只要你肯继续做下去,趣味自然会发生。为什么呢?第一,因为凡一件职业,总有许多层累曲折,倘能身入其中,看它变化进展的状态,最为亲切有味。第二,因为每一职业之成就,离不了奋斗。一步一步的奋斗前去,从刻苦中得快乐,快乐的分量加增。第三,职业的性质,常常要和同业的人比较骈进,好像赛球一般,因竞胜而得快乐。第四,专心做一职业时,把许多游思妄想杜绝了,省却无限闲烦恼。孔子说:"知之者不如好之者,好之者不如乐之者。"人生能从自己职业中领略出趣味,生活才有价值。孔子自述生平,说道:"其为人也,发愤忘食,乐以忘忧,不知老之将至云尔。"这种生活,真算得人类理想的生活了。

我生平最受用的有两句话,一是"责任心",二是"趣味"。我自己常常力求这两句话之实现与调和,又常常把这两句话向我的朋友强聒不舍。今天所讲,敬业即是责任心，乐业即是趣味。我深信人类合理的生活应该如此，我盼望诸君和我一同受用。

1922年8月14日
在上海中华职业学校讲演

学问之趣味

我是个主张趣味主义的人,倘若用化学化分"梁启超"这件东西,把里头所含一种原素名叫"趣味"的抽出来,只怕所剩下仅有个零了。我以为,凡人必须常常生活于趣味之中,生活才有价值。若哭丧着脸挨过几十年,那么,生活便成沙漠,要来何用?中国人见面,最欢喜用的一句话:"近来作何消遣?"这句话我听着便讨厌。话里的意思,好像生活得不耐烦了,几十年日子没有法子过,勉强找些事情来消他遣他。一个人若生活于这种状态之下,我劝他不如早日投海。我觉得天下万事万物有趣味,我只嫌二十四点钟不能扩充到四十八点,不够我享用。我一年到头不肯歇息,问我忙什么?忙的是我的趣味。我以为,这便是人生最合理的生活,我常常想运动别人,也学我这样生活。

凡属趣味，我一概都承认他是好的。但怎么才算"趣味"，不能不下一个注脚。我说："凡一件事做，下去不会生出和趣味相反的结果的，这件事便可以为趣味的主体。"赌钱有趣味吗？输了怎么样！吃酒有趣味吗？病了怎么样！做官有趣味吗？没有官做的时候，怎么样！……诸如此类，虽然在短时间内像有趣味，结果会闹到俗语说的"没趣一齐来"，所以，我们不能承认他是趣味。凡趣味的性质，总是以趣味始，以趣味终。所以能为趣味之主体者，莫如下列的几项：一、劳作；二、游戏；三、艺术；四、学问。诸君听我这段话，切勿误会，以为我用道德观念来选择趣味。我不问德不德，只问趣不趣。我并不是因为赌钱不道德才排斥赌钱，因为赌钱的本质会闹到没趣，闹到没趣，便破坏了我的趣味主义，所以排斥赌钱。我并不是因为学问是道德才提倡学问，因为学问的本质能够以趣味始，以趣味终，最合于我的趣味主义条件，所以提倡学问。

学问的趣味，是怎么一回事呢？这句话我不能回答。凡趣味，总要自己领略，自己未曾领略得到时，旁人没有

为学与做人

1914年，梁启超先生到清华以"君子"为题做演讲，以儒家经典《周易》"乾""坤"二卦的象辞"天行健，君子以自强不息""地势坤，君子以厚德载物"为中心内容激励清华学子发愤图强。此后，学校即尊"自强不息，厚德载物"八字为校训。1917年，修建大礼堂即以巨徽嵌于正额，以壮观瞻，同时期生产的校徽中也已有此八字。

法子告诉你，佛典说的："如人饮水，冷暖自知。"你问我这水怎样的冷，我便把所有形容辞说尽，也形容不出给你听，除非你亲自嗑一口。我这题目——学问之趣味，并不是要说学问是如何如何的有趣味，只是要说如何如何便会尝得着学问的趣味。

诸君要尝学问的趣味吗？据我所经历过的有下列几条

路应走：

第一，"无所为"。趣味主义最重要的条件是"无所为而为"。凡有所为而为的事，都是以别一件事为目的，而以这件事为手段；为达目的起见，勉强用手段，目的达到时，手段便抛却。例如，学生为毕业证书而做学问，著作家为版权而做学问，这种做法，便是以学问为手段，便是有所为。有所为，虽然有时也可以为引起趣味的一种方便，但到趣味真发生时，必定要和"所为者"脱离关系。你问我"为什么做学问？"我便答道："不为什么。"再问，我便答道："为学问而学问。"或者答道："为我的趣味。"诸君切勿以为我这些话掉弄虚机，人类合理的生活本来如此。小孩子为什么游戏？为游戏而游戏。人为什么生活？为生活而生活。为游戏而游戏，游戏便有趣；为体操分数而游戏，游戏便无趣。

第二，不息。"鸦片烟怎样会上瘾？""天天吃。""上瘾"这两个字，和"天天"这两个字是离不开的。凡人类的本能，只要那部分搁久了不用，他便会麻木，会生锈。十年不跑路，两条腿一定会废了。每天跑一点钟，跑上几个月，一天不得跑时，腿便发痒。人类为理性的动物，

"学问欲"原是固有本能之一种,只怕你出了学校,便和学问告辞,把所有经管学问的器官一齐打落冷宫,把学问的胃弄坏了,便山珍海味摆放在面前,也不愿意动筷子。诸君啊!诸君倘若现在从事教育事业,或将来想从事教育事业,自然没有问题,很多机会来培养你学问胃口。若是做别的职业呢?我劝你每日除本业正当劳作之外,最少总要腾出一点钟,研究你所嗜好的学问。一点钟哪里不消耗了?千万别要错过,闹成"学问胃弱"的证候,白白自己剥夺了一种人类应享之特权啊!

第三,深入的研究。趣味总是慢慢的来,越引越多,像那吃甘蔗,越往下才越得好处。假如你虽然每天定有一点钟做学问,但不过拿来消遣消遣,不带有研究精神,趣味便引不起来。或者今天研究这样,明天研究那样,趣味还是引不起来。趣味总是藏在深处,你想得着,便要入去。这个门穿一穿,那个窗户张一张,再不会看见"宗庙之美,百官之富",如何能有趣味?我方才说:"研究你所嗜好的学问。""嗜好"两个字很要紧,一个人受过相当教育之后,无论如何,总有一两门学问和自己脾胃相合,而已经懂得大概可以作加工研究之预备的。请你就选定一门作为终身正业（指从事学者生活的人说），或作为本业劳作以外的副业（指从事其他职业的人说）。不怕范围窄，越窄越便于聚精神。不怕问题难，越难越便于鼓勇气。你只要肯一层一层的往里面追，我保你一定被他引到"欲罢不能"的地步。

第四，找朋友。趣味比方电，越磨擦越出。前两段所说，是靠我本身和学问本身相磨擦，但仍恐怕我本身有时会停摆，发电力便弱了，所以常常要仰赖别人帮助。一个人总要有几位共事的朋友，同时还要有几位共学的朋友。共事的朋友，用来扶持我的职业；共学的朋友和共玩的朋友同一性质，都是用来磨擦我的趣味。这类朋友，能够和我同嗜好一种学问的自然最好，我便和他打伙研究。即或不然——他有他的嗜好，我有我的嗜好，只要彼此都有研究精神，我和他常常在一块，或常常通信，便不知不觉把彼此趣味都磨擦出来了。得着一两位这种朋友，便算人生大幸福之一。我想，只要你肯找，断不会找不出来。

我说的这四件事，虽然像是老生常谈，但恐怕大多数人都不曾这样做。唉，世上人多么可怜啊！有这种不假外求，不会蚀本，不会出毛病的趣味世界，竟自没有几个人肯来享受！古书说的故事"野人献曝"，我是尝冬天晒太阳滋味尝得舒服透了，不忍一人独享，特地恭恭敬敬的来告诉诸君。诸君或者会欣然采纳吧？但我还有一句话，太阳虽好，总要诸君亲自去晒，旁人却替你晒不来。

1922年8月6日
在东南大学为暑期学校学员讲演

求学问不是求文凭

——1925年7月10日　致孩子们（节选）

孩子们：

　　我像许久没有写信给你们了。但是前几天寄去的相片，每张上都有一首词，也抵得过信了。

　　今天接着大宝贝五月九日，小宝贝五月三日来信，很高兴。那两位"不甚宝贝"的信，也许明后天就到罢？

　　我本来前十天就去北戴河，因天气很凉，索性等达达放假才去。他明天放假了，却是还在很凉。一面张、冯开战消息甚紧，你们二叔和好些朋友都劝勿去，现在去不去还未定呢。

　　我还是照样的忙，近来和阿时、忠忠三个人合作做点小玩意，把他们做得兴高采烈。我们的工作多则一个月，少则三个礼拜，便做完。做完了，你们也可以享受快乐。你们猜猜干些什么？

庄庄，你的信写许多有趣话告诉我，我喜欢极了。你往后只要每水船都有信，零零碎碎把你的日常生活和感想报告我，我总是喜欢的。我说你"别耍孩子气"，这是叫你对于正事——如做功课，以及料理自己本身各事等——自己要拿主意，不要依赖人。至于做人带几分孩子气，原是好的。你看爹爹有时还"有童心"呢。

你入学校还是在加拿大好。你三个哥哥都受美国教育，我们家庭要变"美国化"了！我很望你将来不经过美国这一级（也并非一定如此，还要看环境的利便），便到欧洲去，所以在加拿大预备像更好。稍旧一点的严正教育，受了很有益，你还是安心入加校罢。至于未能立进大学，这有什么要紧，"求学问不是求文凭"，总要把墙基越筑得厚越好。你若看见别的同学都入大学，便自己着急，那便是"孩子气"了。

思顺对于徽音感情完全恢复，我听见真高兴极了。这是思成一生幸福关键所在，我几个月前很怕思成因此生出精神异动，毁掉了这孩子，现在我完全放心了。思成前次给思顺的信说:"感觉着做错多少事,便受多少惩罚,非受完了不会转过来。"这是宇宙间惟一真理,佛教说的"业"和"报"就是这个真理(我笃信佛教,就在此点,七千卷《大藏经》也只说明这点道理),凡自己造过的"业",无论为善为恶,自己总要受"报",一斤报一斤,一两报一两,丝毫不能躲闪,而且善和恶是不准抵消的。佛对一般人说轮回,说他(佛)自己也曾犯过什么罪,因此曾入过某层地狱,做过某种畜生,他自己又也曾做过许多好事,所以亦也曾享过什么福。……如此,恶业受完了报,才算善业的账,若使正在享善业的报的时候,又做些恶业,善报受完了,又算恶业的账,并非有个什么上帝做主宰,全是"自业自得"。又并不是像耶教说的"到世界末日算总账",全是"随作随受"。又不是像耶教说的"多大罪恶一忏悔便完事",忏悔后固然得好处,但曾经造过的恶业,并不因忏悔而灭,是要等"报"受完了才灭。佛教所说的精理,大略如此。他说的六道轮回等等,不过为一般浅人说法,说些有形的天堂地狱,其实我们刻刻在轮回中,一生中不知经过多少天堂地狱。即如思成和徽音,去年便有几个月在刀山剑树上过活!这种地狱比城隍庙十王殿里画出来还可怕，因为一时造错了一点业，便受如此惨报，非受完了不会转头。倘若这业是故意造的，而且不知忏悔，则受报连绵下去，无有尽时。因为不是故意的，而且忏悔后又造善业，所以地狱的报受够之后，天堂又到了。若能绝对不造恶业（而且常造善业——最大善业是"利他"），则常住天堂（这是借用俗教名词）。佛说是"涅槃"（涅槃的本意是"清凉世界"）。我虽不敢说常住涅槃，但我总算心地清凉的时候多，换句话说，我住天堂时候比住地狱的时候多，也是因为我比较的少造恶业的缘故。我的宗教观、人生观的根本在此，这些话都是我切实受用的所在。因思成那封信像是看见一点这种真理，所以顺便给你们谈谈。

思成看着许多本国古代美术，真是眼福，令我羡慕不已，甲胄的扣带，我看来总算你新

青年梁启超。

发明了（可得奖赏）。或者书中有讲及，但久已没有实物来证明。

昭陵石马怎么会已经流到美国去，真令我大惊！那几只马是有名的美术品，唐诗里"可要昭陵石马来"，"昭陵风雨埋冠剑，石马无声蔓草寒"，向来诗人讴歌不知多少。那些马都有名字，是唐太宗赐的名，画家雕刻家都有名字可考据的。我所知道的，现在还存四只（我们家里藏有拓片，但太大，无从裱，无从挂，所以你们没有看见），怎么美国人会把他搬走了！若在别国，新闻纸不知若何鼓噪，在我们国里，连我怎一个人，若非接你信，还连影子都不晓得呢。可叹，可叹！

希哲既有余暇做学问，我很希望他将国际法重新研究一番，因为欧战以后国际法的内容和从前差得太远了。十余年前所学现在只好算古董，既已当外交官，便要跟着潮流求自己职务上的新智识。还有中国和各国的条约全文，也须切实研究。希哲能趁这个空闲做这类学问最好。若要汉文的条约汇纂，我可以买得寄来。

和思顺、思永两人特别要说的话，没有什么，下次再说罢。

思顺信说:"不能不管政治",近来我们也很有这种感觉。你们动身前一个月,多人疑义也就是这种心理的表现。现在除我们最亲密的朋友外,多数稳健分子也都拿这些话责备我,看来早晚是不能袖手的。现在打起精神做些预备工夫(这几年来抛空了许久,有点吃亏),等着时局变迁再说罢。

……

老Baby好玩极了,从没有听见哭过一声,但整天的喊和笑,也很够他的肺开张了。自从给亲家收拾之后,每天总睡十三四个钟头,一到八点钟,什么人抱他,他都不要,一抱他,他便横过来表示他要睡,放在床上爬几爬,滚几滚,就睡着了。这几天有点可怕——好咬人。借来磨他的新牙,老郭每天总要着他几口。他虽然还不会叫亲家,却是会填词送给亲家,我问他"是不是要亲家和你一首?"他说"得、得、得,对、对、对"。夜深了,不和你们玩了,睡觉去。

前几天填得一首词,词中的寄托,你们看得出来不?

爹爹 七月十日

因林家事奔走

——1926年1月5日　致梁思成

思成：

　　我初二进城，因林家事奔走三天，至今尚未返清华。前星期因有营口安电，我们安慰一会。初二晨，得续电又复绝望。（立刻电告你并发一信，想俱收。徽音有电来，问现在何处？电到时此间已接第二次凶电，故不复。）昨晚彼中脱难之人，到京面述情形，希望全绝，今日已发表了。遭难情形，我也不忍详报，只报告两句话，（一）系中流弹而死，死时当无大痛苦。（二）遗骸已被焚烧，无从运回了。我们这几天奔走后书，昨日上午我在王熙农家连四位姑太太都见着了，今日到雪池见着两位姨太太。现在林家只有现钱三百余元，营口公司被张作霖监视中（现正托日本人保护，声称已抵押日款，或可幸存），实则此公司即能保全，前途办法亦甚困难。字画一时不能脱手，亲友赙奠数恐亦甚微。目前家境已难支持，此后儿女教育费更不知从何说起。现在惟一的办法，仅有一条路，即国际联盟会长一职，每月可有二千元收入（钱是有法拿到的）。我昨日下午和汪年伯商量，请他接手，而将所入仍归林家，汪年伯慷慨答应了。现在与政府交涉，请其立刻发表。此事若办到，而能继续一两年，则稍为积储，可以充将来家计之一部分。我们拟联合几位朋友，连同他家兄弟亲戚，组织一个抚养遗族评议会，托林醒楼及王熙农、卓君庸三人专司执行。因为他们家里问题很复杂，兄弟亲戚们或有见得到，而不便主张者，则朋友们代为主张。这些事过几天（待丧事办完后）我打算约齐各人，当着两位姨太太面前宣布办法，分担责成（家事如何收束等等经我们议定后谁也不许反抗）。但现在惟一希望，在联盟会事成功，若不成，我们也束手无策了。徽音的娘，除自己悲痛外，最挂念的是徽音要急杀。我告诉他，我已经有很长的信给你们了。徽音好孩子，谅来还能信我的话。我问他还有什么（特别）话要我转告徽音没有？他说："没有，只有盼望徽音安命，自己保养身体，此时不必回国。"我的话前两封信都已说过了，现在也没有别的话说，只要你认真解慰便好了。徽音学费现在还有多少，还能支持几个月，可立刻告我，我日内当极力设法，筹多少寄来。我现在虽然也很困难，只好对付一天是一天，倘若家里那几种股票还有利息可分（恐怕最靠得住的几个公司都会发生问题，因为在丧乱如麻的世界中，什么事业都无可做），今年总可勉强支持，明年再说明年的话。天下大乱之时，今天谁也料不到明天的事，只好随遇而安罢了。你们现在着急也无益，只有努力把自己学问学够了回来，创造世界才是。（今日为林叔作一行述，随讣闻印发，因措辞甚难，牵涉政治问题太多。改用其弟天民名义。汪年伯事，至今尚未发表，焦急之至。）

十五年一月五日晚　爹爹

今日林宅成服我未到，因校中已缺课数日，昨夕回校上堂。

爹爹　七日晚清华

割肾事件与法权会议
——1926年9月14日　致孩子们

孩子们：

我本月六日入京，七日到清华，八日应开学礼讲演，当日入城，在城中住五日，十三日返清华。王姨奉细婆亦以是日从天津来，我即偕同王姨、阿时、老白鼻同到清华。此后每星期大抵须在城中两日，余日皆在清华。北院二号之屋（日内将迁居一号）只四人住着，很清静。

此后严定节制，每星期上堂讲授仅二小时，接见学生仅八小时，平均每日费在学校的时刻，不过一小时多点。又拟不编讲义，且暂时不执笔属文，决意过半年后再作道理。

我的病又完全好清楚，已经十日没有复发了。在南长街住那几天，你二叔天天将小便留下来看，他说颜色比他的还好，他的还像普洱茶，我的简直像雨前龙井了。自服天如先生药后之十天，本来已经是这样，中间遇你四姑之丧，陡然复发，发得很厉害。那时刚刚碰着伍连德到津，拿小便给他看，他说"这病绝对不能不理会"，他入京当向协和及克礼等详细探索实情云云。五日前在京会着他，他已探听明白了。他再见时，尿色已清。他看着很赞叹中药之神妙（他本来不鄙薄中药），他把药方抄去。天如之方以黄连、玉桂、阿胶三药为主。（近闻有别位名医说，敢将黄连和玉桂合在一方，其人必是名医云云。）他说很对很对，劝再服下去。他说本病就一意靠中药疗治便是了。却是因手术所发生的影响，最当注意。他已证明手术是协和孟浪错误了，割掉的右肾，他已看过，并没有丝毫病态，他很责备协和粗忽，以人命为儿戏，协和已自承认了。这病根本是内科，不是外科。在手术前克礼、力舒东、山本乃至协和都从外科方面研究，实是误入歧途。但据连德的诊断，也不是所谓"无理由出血"，乃是一种轻微肾炎。西药并不是不能医，但很难求速效，所以他对于中医之用黄连和玉桂，觉得很有道理。但他对于手术善后问题,向我下很严重的警告。他说割掉一个肾,情节很是重大,必须俟左肾慢慢生长,长到大能完全兼代右肾的权能,才算复原。他说:"当这内部生理大变化时期中(一种革命的变化),左肾极吃力,极辛苦,极娇嫩,易出毛病,非十分小心保护不可。惟一的戒令,是节劳一切工作,最多只能做从前一半,吃东西要清淡些……"等等。我问他什么时候才能生长完成?他说:"没有一定,要看本来体气强弱及保养得宜与否,但在普通体气的人,总要一年"云云。他叫我每星期验一回小便(不管色红与否),验一回血压,随时报告他,再经半年才可放心云云。连德这番话,我听着很高兴。我从前很想知道右肾实在有病没有,若右肾实有病,那么不是便血的原因,便是便血的结果。既割掉而血不止,当然不是原因了。若是结果,便更可怕。万一再流血一两年,左肾也得同样结果,岂不糟吗。我屡次探协和确实消息,他们为护短起见,总说右肾是有病(部分腐坏),现在连德才证明他们的谎话了。我却真放心了,所以连德忠告我的话,我总努力自己节制自己,一切依他而行(一切劳作比从前折半)。

但最近于清华以外,忽然又发生一件职务,令我欲谢而不能，又已经答应了。这件事因为这回法权会议的结果，意外良好，各国代表的共同报告书，已承诺撤回领事裁判权，只等我们分区实行。但我们却有点着急了，不能不加工努力。现在为切实预备计，立刻要办两件事：一是继续修订法律，赶紧颁布；二是培养司法人才，预备"审洋鬼子"。头一件要王亮俦担任。第二件要我担任（名曰司法储才馆）。我入京前一礼拜，亮俦和罗钧任几次来信来电话，催我入京。我到京一下车，他们两个便跑来南长街，不由分说，责以大义，要我立刻允诺。这件事关系如此重大，全国人渴望已非一日，我还有甚么话可以推辞，当下便答应了。现在只等法权会议签字后（本礼拜签字），便发表开办了。经费呢每月有万余元，确实收入可以不必操心。（在关税项下每年拨十万元，学费收入约四万元。）但创办一学校事情何等烦重，在静养中当然是很不相宜；但机会迫在目前，责任压在肩上，有何法逃避呢？好在我向来办事专在"求好副手"。上月工夫我现在已得着一个人替我全权办理，这个人我提出来，亮俦、钧任们都拍手，谅来你们听见也大拍手。其人为谁？林宰平便是。他是司法部的老司长，法学湛深，才具开展，心思致密，这是人人共知的。他和我的关系，与蒋百里、塞季常相仿佛，他对于我委托的事，其万分忠实，自无待言。储才馆这件事，他也认为必要的急务，我的身体要静养，又是他所强硬主张的（他屡主张我在清华停职一年），所以我找他出来，他简直无片词可以推托。政府原定章程，是"馆长总揽全馆事务"。我要求增设一副馆长，但宰平不肯居此名，结果改为学长兼教务长。你二叔当总务长兼会计。我用了这两个人，便可以"卧而治之"了。初办时教员职员之聘任，当然要我筹划，现在亦已大略就绪。教员方面因为经费充足，兼之我平日交情关系，能网罗第一等人才，如王亮俦、刘崧生等皆来担任功课，将来一定声光很好。职员方面，初办时大大小小共用二十人内外，一面为事择人，一面为人择事，你十五舅和曼宣都用为秘书（月薪百六十元，一文不欠），乃至你姑丈（六十元津贴）及黑二爷（二十五元）都点缀到了。藻孙若愿意回北京，我也可以给他二百元的事去办。（我比较搏节的制成个预算，每月尚敷余三千至四千。）大概这件事我当初办时，虽不免一两月劳苦，以后便可以清闲了。你们听见了不必忧虑。（这一两个月却工作不轻，研究院新生有三十余人，

梁启超和两个孩子。

加以筹划此事,恐对于伍连德的话,须缓期实行。)

做首长的人,"劳于用人而逸于治事",这句格言真有价值。我去年任图书馆长以来,得了李仲揆及袁守和任副馆长及图书部长,外面有范静生替我帮忙,我真是行所无事。我自从入医院后（从入德医院起）从没有到馆一天，忠忠是知道的。这回我入京到馆两个半钟头，他们把大半年办事的纪录和表册等给我看，我于半年多大大小小的事都了然了。真办得好，真对得我住！杨鼎甫、蒋慰堂二人从七月一日起到馆，他们在馆办了两个月事，兴高采烈，觉得全馆朝气盎然，为各机关所未有，虽然薪水微薄（每人每月百元），他们都高兴得很。我信得过宰平替我主持储才馆，亮俦在外面替我帮忙也和范静生之在图书馆差不多，将来也是这样。

希哲升任智利的事，已和蔡耀堂面言，大约八九可成，或者这信到时已发表亦未可知。（若未发表那恐是无望了。）

思顺八月十三日信，昨日在清华收到。忠忠抵美的安电，王姨也从天津带来，欣慰之至。正在我想这封信的时候，想来你们姊弟五人正围着高谈阔论。不知多少快活哩。庄庄入美或留坎问题，谅来已经决定，下次信可得报告了。

思永给思顺的信说"怕我因病而起的变态心理"，有这种事吗？何至如是，你们从我信上看到这种痕迹吗？我决不如是，忠忠在旁边看着是可以证明的。就令是有，经这回唐天如、伍连德诊视之后，心理也豁然一变了。你们大大放心罢。（写得太多了，犯了连德的禁令了，再说罢。）

九月十四日　爹爹

老白鼻天天说要到美国去，你们谁领他，我便贴四分邮票寄去。

为志摩证婚一事

——1926年10月4日　致孩子们

孩子们：

　　我昨天做了一件极不愿意做之事，去替徐志摩证婚。他的新妇是王受庆夫人，与志摩恋爱上，才和受庆离婚，实在是不道德之极。我屡次告诫志摩而无效。胡适之、张彭春苦苦为他说情，到底以姑息志摩之故，卒徇其请。我在礼堂演说一篇训词，大大教训一番，新人及满堂宾客无一不失色，此恐是中外古今所未闻之婚礼矣。今把训词稿子寄给你们一看。青年为感情冲动，不能节制，任意决破礼防的罗网，其实乃是自投苦恼的罗网，真是可痛，真是可怜！徐志摩这个人其实聪明，我爱他不过，此次看着他陷于灭顶，还想救他出来，我也有一番苦心。老朋友们对于他这番举动无不深恶痛绝,我想他若从此见摈于社会,固然自作自受,无可怨恨,但觉得这个人太可惜了,或者竟弄到自杀。我又看着他找得这样一个人做伴侣,怕他将来苦痛更无限,所以想对于那个人当头一棒,盼望他能有觉悟(但恐甚难),免得将来把志摩累死,但恐不过是我极痴的婆心便了。闻张歆海近来也很堕落,日日只想做官(志摩却是很高洁,只是发了恋爱狂——变态心理——变态心理的犯罪),此外还有许多招物议之处,我也不愿多讲了。品性上不曾经过严格的训练,真是可怕,我因昨日的感触,专写这一封信给思成、徽音、思忠们看看。

十月四日　爹爹

乡音无改把猫摔

——1927年1月2日 致孩子们

孩子们：

今天总算我最近两个月来最清闲的日子，正在一个人坐在书房里拿着一部杜诗来吟哦。思顺十一月二十九、十二月四日，思成十二月一日的信，同时到了，真高兴。

今天是阴历年初二，又是星期，所有人大概都进城去了。我昨天才从城里回来。达达、司马懿、六六三天前已经来了。今天午饭后他们娘娘带他们去逛颐和园，老郭、曹五都跟去，现在只剩我和小白鼻看家。

写到这里，他们都回来了。满屋子立刻喧闹起来，和一秒钟以前成了两个世界。

你们十个人，刚刚一半在那边，一半在这边，在那边的一个个都大模大样，在这边的都是"小不点点"，真是有趣。

相片看见了很高兴，庄庄已经是个大孩子了（为什么没有戴眼镜），比从前漂亮得多，思永还是那样子，思成为什么这样瘦呢？像老了好些，思顺却像更年轻了。桂儿、瞻儿那幅不大清楚，不甚看得出来。小白鼻牵着冰车好玩极了，老白鼻绝对不肯把小儿子让给弟弟，和他商量半天，到底不肯，只肯把烂名士让出一半。老白鼻最怕的爹爹去美国（比吃泻油还怕），他把这小干儿子亲了几亲，连冰车一齐交给老郭替他"收收"了。

以下说些正经事。

思成信上说徽音二月间回国的事，我一月前已经有信提过这事，想已收到。徽音回家看他娘娘一趟，原是极应该的，我也不忍阻止，但以现在情形而论，福州附近很混乱，交通极不便，有好几位福建朋友们想回去，也回不成。最近三个月中，总怕恢复原状的希望很少，若回来还是蹲在北京或上海，岂不更伤心吗？况且他的娘，屡次劝他不必回来，我想还是暂不回来的好。至于清华官费若回来考，我想没有考不上的。过两天我也把招考章程叫他们寄去，但若打定主意不回来，则亦用不着了。

思永回国的事，现尚未得李济之回话。济之（三日前）已经由山西回到北京了，但我刚刚进城去，还没有见着他。他这回采掘大有所获，捆载了七十五箱东西回来，不久便在清华考古室（今年新成立）陈列起来了，这也是我们极高兴的一件事。思永的事我本礼拜内准见着他，下次的信便有确答。

忠忠去法国的计划，关于经费这一点毫无问题，你只管预备着便是。

思顺们的生计前途，却真可忧虑，过几天我试和少川切实谈一回，但恐没有什么办法，因为使领经费据我看是绝望的，除非是调一个有收入的缺。

司法储才馆下礼拜便开馆，以后我真忙死了，每礼拜大概要有三天住城里。清华功课有增无减，因为清华寒假后兼行导师制（这是由各教投自愿的，我完全不理也可以，但我不肯如此），每教授担任指导学生十人，大学部学生要求受我指导者已十六人，我不好拒绝。又在燕京担任有钟点（燕京学生比清华多，他们那边师生热诚恳求我，也不好拒绝），真没有一刻空闲了。但我体子已完全复原，两个月来旧病完全不发，所以很放心工作去。

上月为北京学术讲演会作四次公开的讲演，讲坛在旧众议院，每次都是满座，连讲两三点钟，全场肃静无哗，每次都是距开讲前一两点钟已经人满。在大冷天气，火炉也开不起，而听众如此热诚，不能不令我感动。我常感觉我的工作，还不能报答社会上待我的恩惠。

我游美的意思还没有变更，现在正商量筹款，大约非有万金以上不够（美金五千），若想得出法子，定要来的，你们没有什么意见吧？

时局变迁极可忧，北军阀末日已到，不成问题了。北京政府命运谁也不敢作半年的保险，但一党专制的局面谁也不能往光明看……

思顺们的留支似已寄到十一月，日内当再汇上七百五十元，由我先垫出两个月，暂救你们之急。

寄上些中国画给思永、忠忠、庄庄三人挂挂书房。思成处来往的人，谅来多是美术家。不好的倒不好挂，只寄些影片，大率皆故宫所藏名迹也。

现在北京灾官们可怜极了。因为我近来担任几件事，穷亲戚穷朋友们稍为得点缀。十五舅处东拼西凑三件事，合得二百五十元（可以实得到手），勉强过得去，你妈妈最关心的是这件事，我不能不尽力设法。其余如杨鼎甫也在图书馆任职得百元，黑二爷（在储才馆）也得三十元（玉衡表叔也得六十元），许多人都望之若登仙了。七叔得百六十元，廷灿得百元（和别人比较），其实都算过分了。

细婆近来心境渐好，精神亦健，是我们最高兴的事。现在细婆、七婶都住南长街，相处甚好，大约春暖后七叔或另租屋住。

老白鼻一天一天越得人爱，非常聪明，又非常听话，每天总逗我笑几场。他读了十几首唐诗，天天教他的老郭念，刚才他来告诉我说："老郭真笨，我教他念：'少小离家'，他不会念，念成'乡音无改把猫摔'。"（他一面说一面抱着小猫就把那猫摔下地，惹得哄堂大笑。）他念："两人对酌山花开，一杯一杯又一杯。我醉欲眠君且去，明朝有意抱琴来。"总要我一个人和他对酌，念到第三句便躺下，念到第四句便去抱一部书当琴弹。诸如此类每天趣话多着哩。

我打算寒假时到汤山住几天，好生休息，现在正打听那边安静不安静。我近来极少打牌,一个月打不到一次,这几天司马懿来了,倒过了几回桥。酒是久已一滴不入口,虽宴会席上有极好的酒,看着也不动心。写字倒是短不了,近一个月来少些,因为忙得没有工夫。

十六年一月二日　爹爹

考古之意外成绩
——1927年1月10日 致梁思永

思永读：

今天李济之回到清华，我给他商量你归国事宜，那封信也是昨天从山西打回头他才接着，怪不得许久没有回信。

他把那七十六箱成绩平平安安运到本校，陆续打开，陈列在我们新设的考古室了。今天晚上他和袁复礼（是他同伴学地质学的）在研究院茶话会里头作长篇的报告演说，虽以我们门外汉听了，也深感兴味。他们演说里头还带着讲："他们两个人都是半路出家的考古学者（济之是学人类学的），真正专门研究考古学的人还在美国——梁先生之公子。"我听了替你高兴又替你惶恐，你将来如何才能当得起"中国第一位考古专门学者"这个名誉,总要非常努力才好。

他们这回意外的成绩,真令我高兴。他们所发掘者是新石器时代的石层,地点在夏朝都城——安邑的附近一个村庄,发掘得的东西略分为三大部分,(一)陶器,(二)石器,(三)骨器。此外,他们最得意的是得着半个蚕茧,证明在石器时代已经会制丝。其中陶器花纹问题最复杂,这几年来(民国九年以后)瑞典人安迪生在甘肃、奉天发掘的这类花纹的陶器,力倡中国文化西来之说。自经这回的发掘,他们想翻这个案。

最高兴的是,这回所得的东西完全归我们所有(中华民国的东西暂陈设在清华),美国人不能搬出去,将来即以清华为研究的机关,只要把研究结果报告美国那学术团体便是,这是济之的外交手段高强,也是因为美国代表人卑士波到中国三年无从进行,最后非在这种条件之下和我们合作不可,所以只得依我们了。这回我们也很费点事,头一次去算是失败了,第二次居然得意外的成功。(听说美国国务院总理还有电报来贺。)

他们所看定采掘的地方,开方八百亩,已经采掘的只有三分——一亩十分之三——竟自得了七十六箱，倘若全部掘完，只怕故宫各殿的全部都不够陈列了。以考古学家眼光看中国遍地皆黄金，可惜没有人会检真是不错。

关于你回国一年的事情，今天已经和济之仔细商量。他说可采掘的地方是多极了。但是时局不靖，几乎寸步难行，不敢保今年秋间能否一定有机会出去，即如山西这个地方，本来可继续采掘，但几个月后变迁如何，谁也不敢说。还有一层采掘如开矿一样，也许失败，白费几个月工夫，毫无所得。你老远跑回来或者会令你失望。但是有一样，现在所掘得七十六箱东西整理研究便须莫大的工作，你回来后看时局如何（还有安迪生所掘得的有一部分放在地质调查所中也要整理），若可以出去，他便约你结伴，若不能出去，你便在清华帮他整理研究，两者任居其一也，断不至白费这一年光阴云云，你的意思如何？据我看是很好的，回来后若不能出去，除在清华做这种工作外，我还可以介绍你去请教几位金石家，把中国考古学的常识弄丰富一点，再往美两年，往欧一两年，一定益处更多。（城里头几个博物院你除看过武英殿外，故宫博物院、历史博物馆都是新近成立或发展的，回来实地研究所益亦多。)

关于美国团体出川资或薪水这一点，我和济之商量，不提为是。因为这回和他们订的条件是他们出钱我们出力，东西却是全归我们所有。所以这两次出去一切费用由他们担任，惟济之及袁复礼却是领学校薪俸，不是他们的雇佣，将来我们利用他这个机关的日子正长，犯不着贬低身份，受他薪水，别人且然，何况你是我的孩子呢？只要你决定回来，这点来往盘费，家里还拿得出，我等你回信便立刻汇去。

至于回来后，若出去便用他的费用，若在清华便在家里吃饭，更不成问题了。

我们散会已经十一点钟。这封信第二页以下都是点洋蜡写的，因为极高兴，写完了才睡觉，别的事都改日再说罢。济之说要直接和你通信，已经把你的信封要去，想不日也到。

十六年一月十日　爹爹

不可修养功夫太浅

——1927年5月13日　致梁思顺

顺儿：

我看见你近日来的信，很欣慰。你们缩小生活程度，暂在坎坷一两年，是最好的。你和希哲都是寒士家风出身，总不要坏自己家门本色，才能给孩子们以磨炼人格的机会。生当乱世，要吃得苦，才能站得住（其实何止乱世为然），一个人在物质上的享用，只要能维持着生命便够了。至于快乐与否，全不是物质上可以支配。能在困苦中求出快活，才真是会打算盘哩。何况你们并不算穷苦呢？拿你们（两个人）比你们的父母，已经舒服多少倍了，以后困苦日子，也许要比现在加多少倍，拿现在当作一种学校，慢慢磨炼自己，真是再好不过的事，你们该感谢上帝。

你好几封信提小六还债事,我都没有答复。我想你们这笔债权只好算拉倒罢。小六现在上海,是靠向朋友借一块两块钱过日子,他不肯回京,即回京也没有法好想,他因为家庭不好,兴致索然,我怕这个人就此完了。除了他家庭特别关系以外,也是因中国政治太坏,政客的末路应该如此。(八百猪仔,大概都同一命运吧。)古人说:"择术不可不慎",真是不错。但亦由于自己修养功夫太浅,所以立不住脚,假使我虽处他这种环境,也断不至像他样子。他还没有学下流,到底还算可爱,只是万分可怜罢了。

我们家几个大孩子大概都可以放心,你和思永大概绝无问题了。思成呢?我就怕因为徽音的境遇不好,把他牵动,忧伤憔悴是容易消磨人志气的(最怕是慢慢的磨)。即如目前因学费艰难,也足以磨人;但这是一时的现象,还不要紧,怕将来为日方长。我所忧虑者还不在物质上,全在精神上。我到底不深知徽音胸襟如何;若胸襟窄狭的人,一定抵挡不住忧伤憔悴,影响到思成,便把我的思成毁了。你看不至如此吧!关于这一点,你要常常帮助着思成注意预防。总要常常保持着元气淋漓的气象,才有前途事业之可言。

思忠呢，最为活泼，但太年轻，血气未定，以现在情形而论，大概不会学下流（我们家孩子断不至下流，大概总可放心），只怕进锐退速，受不起打击。他所择的术——政治军事——又最含危险性，在中国现在社会做这种职务很容易堕落。即如他这次想回国，虽是一种极有志气的举动，我也很夸奖他，但是发动得太孟浪了。这种过度的热度，遇着冷水浇过来，就会抵不住。从前许多青年的堕落，都是如此。我对于这种志气，不愿高压，所以只把事业上的利害慢慢和他解释，不知他听了如何？这种教育方法，很是困难，一面不可以打断他的勇气，一面又不可以听他走错了路（走错了本来没有什么要紧，聪明的人会回头另走，但修养功夫未够，也许便因挫折而堕落），所以我对于他还有好几年未得放心，你要就近常察看情形，帮着我指导他。

今日没有功课，心境清闲得很，随便和你谈谈家常，很是快活，要睡觉了，改天再谈罢。

五月十三日　爹爹

做学问要"猛火熬"和"慢火烧"
——1927年8月29日　致孩子们

孩子们：

一个多月没有写信，只怕把你们急坏了。

不写信的理由很简单，因为向来给你们的信都在晚上写的。今年热得要命，加以蚊子的群众运动比武汉民党还要利害，晚上不是在院中外头，就是在帐子里头，简直五六十晚没有挨着书桌子，自然没有写信的机会了，加以思永回来后，谅来他去信不少，我越发落得躲懒了。

关于忠忠学业的事情，我新近去过一封电，又思永有两封信详细商量，想早已收到。我的主张是叫他在威士康逊把政治学告一段落，再回到本国学陆军。因为美国决非学陆军之地，而且在军界活动，非在本国有些"同学系"

的关系不可以。以"打人学校"决不要进。至于国内何校最好,我在这一年内切实替你调查预备便是。

思成再留美一年,转学欧洲一年,然后归来最好。关于思成学业,我有点意见。思成所学太专门了,我愿意你趁毕业后一两年,分出点光阴多学些常识,尤其是文学或人文科学中之某部门,稍为多用点工夫。我怕你因所学太专门之故,把生活也弄成近于单调,太单调的生活,容易厌倦,厌倦即为苦恼,乃至堕落之根源。再者,一个人想要交友取益,或读书取益,也要方面稍多,才有接谈交换,或开卷引进的机会。不独朋友而已,即如在家庭里头,像你有我这样一位爹爹,也属人生难逢的幸福;若你的学问兴味太过单调,将来也会和我相对词竭,不能领着我的教训,你全生活中本来应享的乐趣,也削减不少了。我是学问趣味方面极多的人,我之所以不能专积有成者在此,然而我的生活内容异常丰富,能够永久保持不厌不倦的精神,亦未始不在此。我每历若干时候,趣味转过新方面,便觉得像换个新生命,如朝旭升天,如新荷出水,我自觉这种生活是极可爱的,极有价值的。我虽不愿你们学我那泛滥无归的短处,但最少也想你们参采我那烂漫向荣的长处。（这封信你们留着，也算我自作的小小像赞。）我这两年来对于我的思成，不知何故常常像有异兆的感觉。怕他渐渐会走入孤峭冷僻一路去。我希望你回来见我时，还我一个三四年前活泼有春气的孩子，我就心满意足了。这种境界，固然关系人格修养之全部，但学业上之熏染陶熔，影响亦非小。因为我们做学问的人，学业便占却全生活之主要部分。学业内容之充实扩大，与生命内容之充实扩大成正比例。所以我想医你的病，或预防你的病，不能不注意及此。这些话许久要和你讲，因为你没有毕业以前，要注重你的专门，不愿你分心，现在机会到了，不能不慎重和你说。你看了这信，意见如何（徽音意思如何），无论校课如何忙迫，是必要回我一封稍长的信，令我安心。

你常常头痛，也是令我不能放心的一件事，你生来体气不如弟妹们强壮，自己便当自己格外撙节补救，若用力过猛，把将来一身健康的幸福削减去，这是何等不上算的事呀。前在费校功课太重，也是无法，今年转校之后，务须稍变态度。我国古来先哲教人做学问方法，最重优游涵饮，使自得之。这句话以我几十年之经验结果，越看越觉得这话亲切有味。凡做学问总要"猛火熬"和"慢火炖"两种工作循环交互着用去。在慢火炖的时候才能令所熬的起消化作用融洽而实有诸己。思成,你已经熬过三年了,这一年正该用炖的工夫。不独于你身子有益,即为你的学业计,亦非如此不能得益。你务要听爹爹苦口良言。

庄庄在极难升级的大学中居然升级了,从年龄上你们姊妹弟兄们比较,你算是最早一个大学二年级生,你想爹爹听着多么欢喜。你今年还是普通科大学生,明年便要选定专门了,你现在打算选择没有?我想你们弟兄姊妹,到今还没有一个学自然科学,很是我们家里的憾事,不知道你性情到底近这方面不?我很想你以生物学为主科,因为它是现代最进步的自然科学,而且为哲学社会学之主要基础,极有趣而不须粗重的工作,于女孩子极为合宜,学回来后本国的生物随在可以采集试验,容易有新发明。截到今日止,中国女子还没有人学这门(男子也很少),你来做一个"先登者"不好吗?还有一样,因为这门学问与一切人文科学有密切关系,你学成回来可以做爹爹一个大帮手,我将来许多著作,还要请你做顾问哩!不好吗?你自己若觉得性情还近,那么就选他,还选一两样和他有密切联络的学科以为辅。你们学校若有这门的好教授,便留校,否则在美国选一个最好的学校转去,姊姊哥哥们当然会替你调查妥善,你自己想想定主意罢。

专门科学之外,还要选一两样关于自己娱乐的学问,如音乐、文学、美术等。据你三哥说,你近来看文学书不少,甚好甚好。你本来有些音乐天才,能够用点功,叫他发荣滋长最好。姊姊来信说你因用功太过,不时有些病。

1928年3月21日,梁思成和林徽因在加拿大渥太华举行婚礼。据说,选择这个日子,是为了纪念宋代杰出建筑师李诫,因为3月21日是他的墓碑上唯一的日期。林徽因不愿穿西式婚纱,又无中式礼服,便自己设计了一套结婚服装。

你身子还好,我倒不十分担心,但做学问原不必太求猛进,像装罐头样子,塞得太多太急,不见得便会受益。我方才教训你二哥,说那"优游涵饮,使自得之",那两句话,你还要记着受用才好。

你想家想极了,这本难怪,但日子过得极快,你看你三哥转眼已经回来了,再过三年你便变成一个学者回来帮着爹爹工作,多么快活呀!

思顺报告营业情形的信已到。以区区资本而获利如此其丰,实出意外,希哲不知费多少心血了。但他是一位闲不得的人,谅来不以为劳苦。永年保险押借款剩余之部及陆续归还之部,拟随时汇到你们那里经营。永年保险明年秋间便满期。现在借款认息八厘打算索性不还他,到明年照扣便了。又国内股票公债等,如可出脱者(只要有人买),打算都卖去,欲再凑美金万元交你们(只怕不容易)。因为国内经济界全体破产即在目前,旧物只怕都成废纸了。

我们爷儿俩常打心电,真是奇怪。给他们生日礼物一事,我两月前已经和王姨谈过,写信时要说的话太多,竟忘记写去,谁知你又想起来了。耶稣诞我却从未想起。现在可依你来信办理。几个学生都照给他们压岁钱,生日礼耶稣诞各二十元。桂儿姊弟压岁耶稣各二十元,你们两夫妇却只给压岁钱,别的都不给了,你们不说爹爹偏心吗?

我数日前因闹肚子,带着发热,闹了好几天,旧病也跟着发得利害。新病好了之后,唐天如替我制一药膏方,服了三天,旧病又好去大半了。现在天气已凉,人极舒服。

这几天几位万木草堂老同学韩树国、徐启勉、伍宪子都来这里共商南海先生身后事宜,他家里真是一塌糊涂,没有办法。最糟的是他一位女婿(三姑爷)。南海生时已经种种捣鬼,连偷带骗。南海现在负债六七万,至少有一半算是欠他的(他串同外人来盘剥)。现在还是他在那里把持,二姨太是三小姐的生母,现在当家,惟女儿女婿之言是听,外人有什么办法。启勉任劳任怨想要整顿一下,便有"干涉内政"的谤言,只好置之不理。他那两位世兄和思忠、思庄同庚,现在还是一点事不懂(远不及达达、司马懿),活是两个傻大少(人当不坏,但是饭桶,将来亦怕变坏)。还有两位在家的小姐,将来不知被那三姑爷摆弄到什么结果,比起我们的周姑爷和你们弟兄姊妹,真成了两极端了。我真不解,像南海先生这样一个人,为什么全不会管教儿女,弄成这样局面。我们公同商议的结果,除了刊刻遗书由我们门生负责外,盼望能筹些款,由我们保管着,等到他家私花尽(现在还有房屋、书籍、字画亦值不少),能够稍为按济那两位傻大少及可怜的小姐,算稍尽点心罢了。

思成结婚事,他们两人商量最好的办法,我无不赞成。在这三几个月当先在国内举行庄重的聘礼,大约须在北京,林家由徽的姑丈们代行,等商量好再报告你们。

福鬘来津住了几天,现在思永在京,他们当短不了时时见面。

达达们功课很忙,但他们做得兴高采烈,都很有进步。下半年都不进学校了,良庆(在南开中学当教员)给他们补些英文、算学,照此一年下去,也许抵得过学校里两年。

老白鼻越发好玩了。

爹爹　八月廿九日

两点钟了,不写了。

无论何种境遇，我常是快乐的

——1928年5月13日　致梁思顺

顺儿：

　　昨日电汇美金八千，又另一电致思成，想皆收。

　　保险费共得三万三千，除去借款外。万六千余恰好合八千金，寄坎营业资本，拟即从此截止。此后每月尚有文化基金会还我从前保单押款五百元，至明年二月乃满，但此款暂留作家用，不寄去了。

　　在寄去资本总额中，我打算划出三千或五千金借给你们营业，俾你们得以维持生活，到将来，营业结束时，你们把资本还我便是了。因为现在思成婚礼既已告成，美中无须特别用款，津中家用现在亦不须仰给于此，有二万内外资本去营业，所收入已很够了。你在外太刻苦，令我有点难过，能得些贴补，少点焦虑，我精神上便增加愉快。

此信到时，计算你应该免身了，我正在天天盼望平安喜电哩。你和忠忠来信，都说"小加儿"，因此我已经替他取得名字了，大名叫做"嘉平"，小名就叫"嘉儿"，不管是男是女，都可用（若是男孩外国名可以叫做查理士）。新近有人送我一方图章，系明末极有名的美术家蓝田叔（《桃花扇》中有他的名字）所刻"嘉平"两字，旁边还刻有黄庭经五句，刻手极精，令随信寄去，算是公公给小嘉儿头一封利是。

思成（目前）职业问题，居然已得解决了。清华及东北大学皆请他，两方比较，东北为优，因为那边建筑事业前途极有希望，到彼后便可组织公司，从小规模办起，徐图扩充，所以我不等他回信，径替他作主辞了清华（清华太舒服，会使人懒于进取），就东北聘约了，你谅来也同意吧。但既已应聘，九月开学前须到校，至迟八月初要到家，到家后办理庙见大礼，最少要十天八天的预备，又要到京拜墓，时日已不大够用了。他们回闽省亲事，只怕要迟到寒假时方能举行。

庄庄今年考试，纵使不及格，也不要紧，千万别要着急，因为他本勉强进大学，实际上是提高（特别）了一年，功课赶不上，也是应该的。你们弟兄姊妹个个都能勤学向上，我对于你们功课绝不责备，却是因为赶课太过，闹出病来，倒令我不放心了。

看你们来信，像是觉得我体子异常衰弱的样子，其实大不然。你们只要在家里看见我的样子，便放下一千万个心了。你们来信像又怕我常常有忧虑，以致损坏体子，那更是误看了。你们在爹爹膝下几十年，难道还不知道爹爹的脾气吗？你们几时看见过爹爹有一天以上的发愁，或一天以上的生气？我关于德性涵养的功夫，自中年来很经些锻炼，现在越发成熟，近于纯任自然了，我有极通达极健强极伟大的人生观，无论何种境遇，常常是快乐的，何况家庭环境，件件都令我十二分愉快。你们弟兄姊妹个个都争气，我有什么忧虑呢？家计虽不宽裕，也并不算窘迫，我又有什么忧虑呢？

此次灌血之后，进步甚显著，出院时医生说可以半年不消再灌了。现在实行"老太爷生活"，大概半年后可以完全复原（现在小便以清为常态，偶然隔一天八天小小有点红，已成例外了），你们放一万个心罢。

时局变化甚剧，可忧正多，但现在也只好静观，待身子完全复原后，再作道理。

北戴河只怕今年又去不成，也只好随缘。天津治安秩序想不成问题，我只有守着老营不动。

五月十三日　爹爹

忠忠要小嘉儿做干孩子和老白鼻商量不通，他说他是海军大将，要四个小兵正缺一个，等着小嘉儿补缺呢！

> 老年人如夕照,少年人如朝阳。老年人如瘠牛,少年人如乳虎。

第四章

人生百年,立于幼学

常思报社会之恩

——1919年12月2日　致梁思顺

得十月二十一日禀，甚喜，总要在社会上常常尽力，才不愧为我之爱儿。人生在世，常要思报社会之恩，因自己地位做得一分是一分，便人人都有事可做了。吾在此作游记，已成六七万言，本拟再住三月，全书可以脱稿，乃振飞接家电，其夫人病重（本已久病，彼不忍舍我言归，故延至今），归思甚切。此间通法文最得力者，莫如振飞，彼若先行，我辈实大不便，只得一齐提前，现已定阳历正月二十二日船期，若阴历正月杪可到家矣。一来复后便往游德国，并及奥、匈、波兰，准阳历正月十五前返巴黎。即往马赛登舟，船在安南停泊，约一两日，但汝切勿来迎，费数日之程，挈带小孩，图十数点钟欢聚，甚无谓也。但望你一年后必归耳。

父示娴儿。

十二月二日

小挫折正磨炼德性之好机会
——1923年7月26日　致梁思成

汝母归后说情形。吾意以迟一年出洋为要，志摩亦如此说，昨得君劢书，亦力以为言。盖身体未完全复元，旋行恐出毛病，为一时欲速之念所中，而贻终身之戚，甚不可也。人生之旅历途甚长，所争决不在一年半月，万不可因此着急失望，招精神上之萎畏。汝生平处境太顺，小挫折正磨练德性之好机会，况在国内多预备一年，即以学业论，亦本未尝有损失耶。吾星期日或当入京一行，届时来视汝。

　　　　　　　　　　　　　　　　爹爹　七月二十六日

天下事业无所谓大小
——1923年11月5日　致梁思顺

宝贝思顺：

　　昨日松坡图书馆成立（馆在北海快雪堂，地方好极了，你还不知道呢，我每来复四日住清华三日住城里，入城即住馆中），热闹了一天。今天我一个人独住在馆里，天阴雨，我读了一天的书，晚间独酌醉了（好孩子别要着急，我并不怎么醉，酒亦不是常常多吃的），书也不读了。和我最爱的孩子谈谈罢，谈什么，想不起来了。哦，想起来了。你报告希哲在那边商民爱戴的情形，令我喜欢得了不得。我常想，一个人要用其所长（人才经济主义）。希哲若在国内混沌社会里头混，便一点看不出本领，当领事真是模范领事了。我常说天下事业无所谓大小

（士大夫济天下和农夫善治其十亩之田所成就一样），只要在自己责任内，尽自己力量做去，便是第一等人物。希哲这样勤勤恳恳做他本分的事，便是天地间堂堂地一个人，我实在喜欢他。好孩子，你气不忿弟弟妹妹们，希哲又气不忿你，有趣得很，（你请你妈妈和我打弟弟们替你出气，你妈妈给思成们的信帮他们，他们都拍手欢呼胜利，我说我帮我的思顺，他们淘气实在该打。）平心而论，爱女儿那里会不爱女婿呢，但总是间接的爱，是不能为讳的。徽音我也很爱她，我常和你妈妈说，又得一个可爱的女儿。但要我爱她和爱你一样，终究是不可能的。我对于你们的婚姻，得意得了不得，我觉得我的方法好极了，由我留心观察看定一个人，给你们介绍，最后的决定在你们自己，我想这真是理想的婚姻制度。好孩子，你想希哲如何，老夫眼力不错罢。徽音又是我第二回的成功。我希望往后你弟弟妹妹们个个都如此。（这是父母对于儿女最后的责任。）我希望普天下的婚姻都像我们家孩子一样，唉，但也太费心力了。像你这样有怎么多弟弟妹妹，老年心血都会被你们绞尽了，你们两个大的我所尽力总算成功，但也是各人缘法侥幸碰着，如何能确有把握呢？好孩子，你说我往后还是少管你们闲事好呀,还是多操心呢?你妈妈在家寂寞得很,常和我说放暑假时候很高兴,孩子们都上学便闷得慌,这也是没有法的事。像我这样一个人,独处一年我也不闷,因为我做我的学问便已忙不过来;但天下人能有几个像我这种脾气呢?王姑娘近来体气大坏(因为你那两个殇弟产后缺保养),我很担心,他也是我们家庭极重要的人物。他很能伺候我,分你们许多责任,你不妨常常写些信给他,令他欢喜。我本来答应过庄庄,明年暑假绝对不讲演,带着你们玩一个夏天。但前几天我已经答应中国公学暑期学校讲一月了。(他们苦苦要我,我耳朵软答应了。)我明春要到陕西讲演一个月,你回来的时候还不知我在家不呢,酒醒了不谈了。

耶告[①] 十一月五日

[①] 这两个字是王右军给儿女信札的署名法。

尝寒素风味，实属有益
——1926年6月11日 致梁思顺

顺儿：

前次以为失掉了你一封信，现在也收到了，系封在阿时信内，迟了一水船才到。

弟弟们把我的信扣留，我替你出个法子，你只写信给他们说，若不肯将信寄回来，以后爹爹有信到，便藏着不给他们看，他们可就拗你不过了。

你们不愿意调任及调部也是好的，知足不辱，知止不殆，只要不至冻馁，在这种半清净半热闹的地方，带着孩子们读书最好，几个孙子叫他们尝会寒素风味，实属有益。试拿他们在菲律宾过的生活和你们在日本时比较，实在太过分了。若再调到热带殖民地去，虽多几个钱有什么用处呢。你们也不必变更计划，打算早回来，我这病绝不要紧，已经证明了。你们还是打四五年后回来的主意最好，总之到我六十岁生日时算来全部都回来了，岂不大高兴。

这一两年内，我终须要到美国玩一趟，你们等着罢。再过一星期就去北戴河了。

六月十一日　爹爹

杂事一二

——1926年9月17日　致孩子们

顺儿：

九月七日、十日信收到，计发信第二日忠忠便到阿图和，你们姊弟相见，得到忠忠报告好消息，一切可以释然了。

我的信有令你们难过的话吗？谅来那几天忠忠正要动身，有点舍不得，又值那几天病最厉害，服天如药以前，小便觉有点窒塞。所以不知不觉有些感慨的话。其实，我这个人你们还不知道吗，我有什么看不开，小小的病何足以灰我的心，我现在早已兴会淋漓的做我应做的工作了，你们不信只要问阿时便知道了。

我现在绝对的不要你回来，即使这点小病未愈也不相干，何况已经完好了呢！你回来除非全眷回来，不然隔那么远，你一心挂两路总是不安。你不安，我当然也不安，何必呢？现在几个孙子已入学校，若没别的事，总令他们能多继续些时候才好。

我却不想你调别处，若调动就是回部，补一个实缺参事，但不容易办到不（部中情形我不熟）？又不知你们愿意不？来信顺便告诉我一声。现在少川又回外部，本来智利事可以说话，但我也打算慢点再说，好在外交总长总离不少这几个人，随时可以说的。

我倒要问你一件事，一月前我在报纸上看见一段新闻，像是说明年要在加拿大开万国教育大会，不知确否？你可就近一查，若确，那时我决定要借这名目来一趟，看看我一大群心爱的孩子。你赶紧去查明，把时日先告诉我，等我好预备罢。

我现在新添了好些事情——司法储才馆和京师图书馆，去年将教育部之旧图书馆暂行退还不管，现在我又接过来。好在我有好副手替我办——储才馆托给林宰平，你二叔帮他。旧图书馆托给罗孝高，何擎一帮他，我总其大成，并不劳苦我一天，还是在清华过我的舒服日子。

曾刚父年伯病剧，他的病和你妈妈一样，数月前已发，若早割尚可救，现在已溃破，痛苦万状，看情形还不能快去。我数日前去看他，联想起你妈妈的病状伤感得很，他穷得可怜，我稍为送他的钱，一面劝他无须找医生白花钱了。

陈伯严老伯也患便血病，但他很痛苦，比我差多了。年纪太大（七十二了）怕不容易好。十年以来，亲友们死亡疾病的消息常常络绎不绝，这也是无可如何的事（伯严的病由酒得来，我病后把酒根本戒绝，总是最好的事）。

二叔和老白鼻说，把两个小妹妹换他的小弟弟，他答应了。回头忽然问："哪个小弟弟？"二叔说："你们这个。"他说："不，不，把七叔的小弟弟给你。"你们看他会打算盘吗？

九月十七日　爹爹

欲远行美洲

——1926年10月14日　致孩子们

孩子们：

忠忠到阿图和的信收到了。你们何以担心我的病担心到如此厉害，或者因我在北戴河那一个多月去信太少吗？或者我的信偶然多说几句话，你们神经过敏疑神疑鬼吗？但忠忠在家天天跟着我，难道还看不出我的样子来，我心里何尝有不高兴呢？大抵我这个人太闲也是不行，现在每日有相当的工作。我越发精神焕发了。

美洲我是时时刻刻都想去的，但这一年内能否成行，仍是问题。因为新近兼兜揽着两件事，京师图书馆（重新接收过来）、司法储才馆都是创办，虽然有好帮手，不复甚劳，但初期规划仍是我的责任，我若远行，恐怕精神涣散,难有成绩,且等几个月后情形如何再说。又欲筹游费,总须借个名目,若自己养病玩耍,却不好向任何方面要钱,所以我很想打听明年的万国教育会是否开在阿图和,若是在暑假期间开,我无论如何总要想法来一趟的。

明日是重阳,我打算带着老白鼻去上坟,我今年还没有到过坟上哩!小老白鼻也很结实,他娘娘体子也很好。再过两礼拜,打算带着他回津一行。

十月十四日　爹爹

给孩子们的五则信
——1927年2月6日—16日　致孩子们

孩子们：

　　旧历年前写了好几封信，新年入城玩了几天，今天回清华，猜着该有你们的信。果然，思成一月二日、思永一月六日、忠忠十二月三十一日的信同时到了——思顺和庄庄的是一个礼拜前已到，已回过了。

　　我讲个笑话给你们听，达达入协和受手术，医生本来说过，要一礼拜后方能出院，看着要在协和过年了，谁知我们年初一入城，他已经在南长街大门等着。原来医院也许病人请假，医生也被他磨不过放他出来一天，到七点钟仍旧要回去，到年初三他真正出院了，现已回到清华，玩得极起劲。他的病却不轻，医生说割的正好，太早怕伤身子,太迟病日深更难治。这样一来,此后他身体的发育(连智慧也有影响)可以有特别的进步,真好极了。

我从今天起,每天教达达、思懿国文一篇,目的还不在于教他们,乃是因阿时寒假后要到南开当先生了,我实在有点不放心。所以借他们来教他的教授法,却是已经把达达们高兴到了不得了。

以上二月六日写

前信未写完,昨天又接到思顺一月四日、八日两信,庄庄一月四日信,趁现在空闲,一总回信多谈些罢。

庄庄功课模样及格,而且副校长很夸奖他,我听见真高兴,就是你姊姊快要离开加拿大,我有点舍不得,你独自一人在那边,好在你已成了大孩子了,我一切都放心,你去年的钱用得很省俭,也足见你十分谨慎。但是我不愿意你们太过刻苦,你们既已都是很规矩的孩子,不会乱花钱,那么便不必太苦,反变成寒酸。你赶紧把你预算开来罢!一切不妨预备松动些,暑假中到美国旅行和哥哥们会面是必要的。你总把这笔费开在里头便是,年前汇了五百金去，尚缺多少？我接到信立刻便汇去。

张君劢愿意就你们学校的教职，我已经有电给姊姊了，他大概暑期前准到。他的夫人是你们世姊妹，姊姊走了，他来也，和自己姊姊差不多。这是我替庄庄高兴的事。却是你要做衣服以及要什么东西赶紧写信来，我托他多多的给你带去。

思顺调新加坡的事，我明天进城便立刻和顾少川说去，若现任人没有什么特别要留的理由，大概可望成功吧，成与不成，此信到时当已揭晓了。使馆经费仍不见靠得住，因为二五附加税问题很复杂，恐怕政府未必能有钱到手？你们能够调任一两年，弥补亏空，未尝不好。至于调任后，有无风波谁也不敢说，只好再看罢。

以上二月十日写

前信未写完便进城去，在城住了三天，十四晚才回清华，顾少川已见着了。调任事恐难成。据顾说现在各方面请托求此缺者，已三十人，只好以不动为搪塞，且每调动一人必有数人牵连着要动，单是川资一项已无法应付，只得暂行一概不动云云,升智利事亦曾谈到,倒可以想法,但我却不甚热心此着。因为使馆经费有着,则留坎亦未尝不可行,如无着则赔累恐更甚,何必多此一举呢?附加税问题十天半月内总可以告一段落,姑且看一看再说罢。

少川另说出一种无聊的救济办法,谓现在各使馆有向外国银行要求借垫而外交部予以担保承认者,其借垫颇为薪俸与公费之各半数,手续则各使馆自行与银行办妥交涉,致电(或函)请外交部承诺,不知希哲与汇丰、麦加利两银行有交情否?若有相当交情,不妨试一试。

以上二月十五日写

(这几张可由思成保存,但仍须各人传观,因为教训的话于你们都有益的。)

思成和思永同走一条路,将来互得联络观摩之益,真是最好没有了。思成来信问有用无用之别,这个问题很容易解答,试问唐开元天宝间李白、杜甫与姚崇、宋璟比较,其贡献于国家者孰多?为中国文化史及全人类文化史起见,姚、宋之有无,算不得什么事。若没有了李、杜,试问历史减色多少呢？我也并不是要人人都做李、杜，不做姚、宋，要之，要各人自审其性之所近何如，人人发挥其个性之特长，以靖献于社会，人才经济莫过于此。思成所当自策厉者，惧不能为我国美术界作李、杜耳。如其能之，则开元、天宝间时局之小小安危，算什么呢？你还是保持这两三年来的态度，埋头埋脑做去了。

便你觉得自己天才不能负你的理想，又觉得这几年专做呆板工夫，生怕会变成画匠。你有这种感觉，便是你的学问在这时期内将发生进步的特征，我听见倒喜欢极了。孟子说："能与人规矩，不能使人巧。"凡学校所教与所学总不外规矩方面的事，若巧则要离了学校方能发见。规矩不过求巧的一种工具，然而终不能不以此为教，以此为学者，正以能巧之人，习熟规矩后，乃愈益其巧耳。（不能巧者，依着规矩可以无大过。）你的天才到底怎么样，我想你自己现在也未能测定，因为终日在师长指定的范围与条件内用功，还没有自由发掘自己性灵的余地。况且凡一位大文学家、大美术家之成就，常常还要许多环境与及附带学问的帮助。中国先辈屡说要"读万卷书，行万里路"。你两三年来蛰居于一个学校的图案室之小天地中，许多潜伏的机能如何便会发育出来，即如此次你到波士顿一趟，便发生许多刺激，区区波士顿算得什么，比起欧洲来真是"河伯"之与"海若"，若和自然界的崇高伟丽之美相比，那更不及万分之一了。然而令你触发者已经如此，将来你学成之后，常常找机会转变自己的环境，扩大自己的眼界和胸次，到那时候或者天才会爆发出来，今尚非其时也。今在学校中只有把应学的规矩，尽量学足，不惟如此，将来到欧洲回中国，所有未学的规矩也还须补学，这种工作乃为一生历程所必须经过的，而且有天才的人绝不会因此而阻抑他的天才，你千万别要对此而生厌倦，一厌倦即退步矣。至于将来能否大成，大成到怎么程度，当然还是以天才为之分限。我生平最服膺曾文正两句话："莫问收获，但问耕耘。"将来成就如何，现在想他则甚？着急他则甚？一面不可骄盈自慢，一面又不可怯弱自馁，尽自己能力做去，做到哪里是哪里，如此则可以无入而不自得，而于社会亦总有多少贡献。我一生学问得力专在此一点，我盼望你们都能应用我这点精神。

　　思永回来一年的话怎么样？主意有变更没有？刚才李济之来说，前次你所希望的已经和毕士卜谈过，他很高兴，已经有信去波士顿博物院，一位先生名罗治者和你接洽，你见面后所谈如何可即回信告我。现在又有一帮瑞典考古学家要大举往新疆发掘了，你将来学成归国机会多着呢！

忠忠会自己格外用功，而且埋头埋脑不管别的事，好极了。姊姊、哥哥们都有信来夸你，我和你娘娘都极喜欢，西点事三日前已经请曹校长再发一电给施公使，未知如何，只得尽了人事后听其自然。你既走军事和政治那条路，团体的联络是少不得的，但也不必忙，在求学时期内暂且不以此分心也是好的。

旧历新年期内，我着实玩了几天，许久没有打牌了，这次一连打了三天也很觉有兴，本来想去汤山，因达达受手术，他娘娘离不开也，没有去成。

昨日清华已经开学了，自此以后我更忙个不了，但精神健旺，一点不觉得疲倦。虽然每遇过劳时，小便便带赤化，但既与健康无关，绝对的不管他便是了。

阿时已到南开教书。北院一号只有我和王姨带着两个白鼻住着，清静得很。

相片分寄你们都收到没有？还有第二次照的呢！过几天再寄。

二月十六日　爹爹

思成信上讲钟某的事，很奇怪。现在尚想不着门路去访查，若能得之，则图书馆定当想法购取也。

Lodge此人为美国参议院前外交委员长之子，现任波士顿博物院采集部长。关于考大学事拟与思永有所接洽。毕士卜已有信致彼，思永或可在往访之。

为孩子们工作之考虑

——1927年5月26日　致孩子们

孩子们：

　　我近来寄你们的信真不少，你们来信亦还可以，只是思成的太少，好像两个多月没有来信了，令我好生放心不下。我很怕他感受什么精神上刺激苦痛，我以为一个人什么病都可医，惟有"悲观病"最不可医，悲观是腐蚀人心的最大毒菌。生当现在的中国人悲观的资料太多了。思成因有徽音的连带关系，徽音这种境遇尤其易趋悲观，所以我对思成格外放心不下。

　　关于思成毕业后的立身，我近几个月来颇有点盘算。姑且提出来供你们的参考——论理毕业后回来替祖国服务，是人人共有的道德责任。但以中国现情而论，在最近的将来，几年以内敢说绝无发展自己所学的余地，连我还不知道能在国内安居几时呢？（并不论有没有党派关系，一般人都在又要逃命的境遇中。）你们回来有什么事可以做呢？多少留学生回国后都在求生不能求死不得的状态中，所以我想思成在这时候先打打主意，预备毕业后在美国找些职业，蹲两三年再说。这话像是"非爱国的"，其实也不然，你们若能于建筑美术上实有创造能力，开出一种"并综中西"的宗派，就先在美国试验起来，若能成功则发挥本国光荣，便是替祖国尽了无上义务。我想可以供你们试验的地方，只怕还在美国而不在中国。中国就令不遭遇这种时局，以现在社会经济状况论，那里会有人拿出钱来做你们理想上的建筑呢？若美国的富豪在乡间起（平房的）别墅，你们若有本事替他做出一两所中国式最美的样子出来，以美国人的时髦流行性，或竟可以哄动一时，你们不惟可以解决生活问题，而且可以多得实验机会，令自己将来成一个大专门家，岂不是"一举而数善备"吗？这是我一个人如此胡猜乱想，究竟容易办到与否，我不知那边情形，自然不能轻下判断，不过提出这个意见备你们参考罢了。

我原想你们毕业后回来结婚，过年把再出去。但看此情形（指的是官费满五年的毕业），你们毕业时我是否住在中国还不可知呢？所以现在便先提起这问题，或者今年暑假毕业时便准备试办也可以。

因此，连带想到一个问题，便是你们结婚问题。结婚当然是要回国来才是正办，但在这种乱世，国内不能安居既是实情。你们假使一两年内不能回国，倒是结婚后同居，彼此得个互助才方便，而且生活问题也比较的容易解决。所以，我颇想你们提前办理，但是否可行全由你们自己定夺。我断不加丝毫干涉，但我认为这问题确有研究价值，请你们仔细商量定，回我话罢。

你们若认为可行，我想林家长亲也没有不愿意的，我便正式请媒人向林家求婚，务求不致失礼，那边事情有姊姊替我主办，和我亲到也差不多。或者我特地来美一趟也可以。

问题就在徽音想见他母亲，这样一来又暂时耽搁下去了，我实在替他难过，但在这种时局之下回国，既有种种困难，好在他母亲身体还康强，便迟三两年见面也还是一样。所以，也不是没有商量的余地。

至于思永呢，情形有点不同。我还相当的主张他回来一年，为的是他要去山西考古。回来确有事业可做，他一个人跑回来便是要逃难也没有多大累赘。所以回来一趟也好，但回不回仍由他自决，我并没有绝对的主张。

学校讲课上礼拜已完了，但大考在即，看学生成绩非常之忙（今年成绩比去年多，比去年好），我大约还有半个月才能离开学校。暑期往什么地方尚未定，旧病虽不时续发，但比前一个月好些，大概这病总是不要紧的，你们不必忧虑！

五月廿六日　爹爹

清华风潮及思成徽音之结婚

——1927年11月23日—12月5日　致孩子们

孩子们：

　　有项好消息报告你们：我自出了协和以来，真养得大好而特好，一点药都没有吃，只是如思顺来信所说，拿家里当医院，王姨当看护，严格的从起居饮食上调养。一个月以来，"赤化"像已根本扑灭了，脸色一天比一天好，体子亦胖了些。这回算是思永做总司令，王姨执行他的方略，若真能将宿病从此断根，他这回回家，总算尽代表你们的职守了。我半月前因病已好，想回清华，被他听见消息。来封长信说了一大车唠叨话，现在暂且中止了。虽然著述之兴大动，也只好暂行按住。

　　思顺这次来信，苦口相劝，说每次写信便流泪。你们个个都是拿爹爹当宝贝,我是很知道的,岂有拿你们的话当耳边风的道理。但两年以来,我一面觉得这病不要紧,一面觉得他无法可医,那么我有什么不能忍耐呢?你们放下十二个心罢。

却是因为我在家养病,引出清华一段风潮,至今未告结束。依思永最初的主张,本来劝我把北京所有的职务都辞掉,后来他住在清华,眼看着惟有清华一时还摆脱不得,所以暂行留着。秋季开学,我到校住数天,将本年应做的事,大约定出规模,便到医院去。原是各方面十分相安的,不料我出院后几天,外交部有改组董事会之举,并且章程上规定校长由董事中互选,内中头一位董事就聘了我,当部里征求我同意时,我原以不任校长为条件才应允(虽然王荫泰对我的条件没有明白答复认可),不料曹云祥怕我抢他的位子,便暗中运动教职员反对,结果只有教员朱某一人附和他。我听见这种消息,便立刻离职,他也不知道,又想逼我并清华教授也辞去,好同清华断绝关系,于是由朱某运动一新来之学生(研究院的,年轻受骗),上一封书(匿名)说,院中教员旷职,请求易人。老曹便将那怪信油印出来寄给我,讽示我自动辞职。不料事为全体学生所闻，大动公愤，向那写匿名信的新生责问，于是种种卑劣阴谋尽行吐露，学生全体跑到天津求我万勿辞职（并勿辞董事），恰好那时老曹的信正到来，我只好顺学生公意，声明绝不自动辞教授，但董事辞函却已发出，学生们又跑去外交部请求，勿许我辞。他们未到前，王外长的挽留函也早发出了。他们请求外部撤换校长及朱某，外部正在派员查办中，大约数日后将有揭晓。这类事情，我只觉得小人可怜可叹，绝不因此动气。而且外部挽留董事时，我复函虽允诺，但仍郑重声明以不任校长为条件，所以我也断不至因这种事情再惹麻烦，姑且当作新闻告诉你一笑罢。

我近来最高兴的是得着思成长信，知道你的确还是从前那活泼有春气的孩子，又知道身体健康也稍回复了——但因信中有"到哈佛后已不头痛"那句话，益证明我从前的担心并非神经过敏了。你若要我绝对放心，辄要在寒假内找医生精密检查，看是否犯了神经衰弱的病，若有一点不妥，非把他根本治好不可！你这样小小年纪，若得了一种癌疾不独将来不能替国家社会做事，而且自己及全家庭都受苦痛。这件事我交给思顺替我监督着办，三个月后我定要一张医生诊断书看着才放心的。

思成的中国宫室史当然是一件大事业,而且极有成功的可能,但非到各处实地游历不可——大抵内地各名山、唐宋以来建筑物全都留存的尚不少,前乎此者也有若干痕迹,——但现在国内情形真是一步不可行,不知何时才能有这种游历机会。思永这回种种计划都成泡影,恐以后只有更坏,不会往好处看,你回来后恐怕只能在北京城圈内外做工作,好在这种工作也够你做一两年了。

十二点过了,王姨干涉了好几次了,明天再写吧。

以上廿三日

你来信说武梁祠堂,那不过是美术史上重要资料罢了。建筑上像不会看出什么旧型,你着手研究后所得如何,只怕失望罢。

若亲到嘉祥县去实地用科学方法调查废址也许有所得。

以上仍是廿三日

你们回国后职业问题大不容易解决，现在哪里有人敢修房子呢，学校教授也非易，全国学校除北京外，几乎都关门了，但没法之中也许还是在当教书匠上想法，那么教的什么东西，不能不稍预备，我想你们在西洋美术史上多下一点工夫何如？

我想你们这一辈青年，恐怕要有十来年——或者更长，要挨极艰难困苦的境遇，过此以往却不是无事业可做，但要看你对付得过这十几二十年风浪不能？你们现在就要有这种彻底觉悟，把自己的身体和精神十二分注意锻炼、修养，预备若将来广受孟子所谓"苦其心志，劳其筋骨，饿其体肤，空乏其身，行拂乱其所为"者，我对于思成身子常常放心不下，就是为此。以上仍二十三晚写，写到此被王姨捉去了。

思成开美术书单甚好，一年内外北京图书馆只能以万元（华币）购美术书，最好在此数目范围内开单，你若能代买更好，便把款汇给你。我现虽然辞去馆长职，但馆中事还常常问我主意。

以上二十四日写

这封信写了前头那几张，一搁又搁下十二天了，这没有什么奇怪，因为王姨不许我晚上执笔。你们猜我晚上做什么事呢？每天吃完晚饭总是和达达、司马懿"过桥"一点钟（十五舅凑脚，他每天总输两三角钱），他们上课后（八点钟上夜课），再和十五舅、王姨打"三人麻雀"一点钟，约摸十点多便捉去睡觉，但还是睡不着的时候多，因为有许多心事（不外政治问题或学问问题，也常常想起你们）在床上便想起，大抵十天中有两三天到床便睡着，仍有七八天展转反侧或到很夜深也不定。但每天总睡足八个钟头，早睡着便早起，晚睡着便晚起。所以身子保养得异常之好，一个月以来"赤焰"几乎全熄了。

这回写信真高兴，因为接连得着思成两封长信，头一封还没有详细回答，第二封（今天到）又来了。这几天常常在我脑子里转的就是思成们结婚问题。结婚当然是回国后才办最好，这是不消说的。在徽音固然他娘娘只有他一个，应该在跟前郑重举行。即以思成论，虽然姊妹弟兄很多，但你是长子，我还不是十二分不愿意，如此盛典不在我跟前看着办吗？前几天我替南开大学一位教授（研究院毕业生）主婚，他们夫妇都是云南人，没有一个亲属在

为学与做人

梁思成和林徽因在工作。在梁启超家书中常称"徽音",林早期署名即"徽音",后因与男作家林微音名字相似,常引起误会,才改署"徽因"。

此。我便充当两边的家长,很觉得他们冷清清的,同时想起我的思成,若在美结婚,只怕还赶不上他们热闹哩!心里老大不自在。但是为你们学业计,非到欧洲一游不可。回国后想在较近期间内再出去,实属千难万难。这种机会如何可以错过呢,你今天来信说的,徽音从太平洋先归省亲,虽然未尝不可,但徽音虽曾到过欧洲,经过这几年学业后,观察眼光当然与前不同,不去再看一趟到底是可惜。况且两个人同游同看,彼此观摩,当然所得益处比一个人独游好得多。这种利益不消我多说,你们当然都会想到了。还有一层你们虽然回国结婚,结婚礼也很难在北京举行,因为林家一时不会全眷移回北京,然则回来后,不是在天津办就是在福州办,还不是总不能十分圆满吗?所以,我替你们打算还是在美办的好,徽音乖孩子采纳我的主张罢(林家长亲完全和我同一主张,想也有信去了)。

我替你们出主意,最好是在阿图和办——婚礼即在那边最大的礼拜堂里举行。林叔叔本是基督教信徒,我虽不喜教会,但对于基督当然是崇拜的。既然对于宗教没有什么界限,而又当中国婚礼没有什么满意的仪式的时候,你们用庄严的基教婚仪有何不可呢?一面希哲夫妇用"中国之家代表"的资格参列,来请上该地方官长和各国外交官来观礼也,很够隆重的了。你们若定了采用这办法,可先把日期择定,即刻写信回来(或怕赶不上则电告),到那天我和徽音的娘当各有电报给你们贺喜并训勉,岂不是已经相当的热闹和郑重了吗?

有一件事要告诉你们:你们若在教堂行礼,思成的名字便用我的全名,用外国习惯叫做"思成梁启超",表示你以长子资格继承我全部人格和名誉。

你的腿能够跪拜否?若能,则结婚后第二天新夫妇同到领事馆向两家祖宗及父母双双遥拜,若不能屈膝则双双鞠躬亦得,总之行最恭敬礼便是了。

婚礼只要庄严,不要奢靡,不独在外国如是,即回本国举行也不过如是。相当的衣服首饰,姊姊当然会斟酌着办。

我这几天正在忙着和你们行聘礼,大约定期在本月十八日——若聘物预备未齐,则改迟三两日。我们请的大宾是林宰平先生,林家请的大约是江翊云先生或陈仲恕先生。我们的主要聘仪是玉佩,可以佩在项间者,其佩以翡翠一方,碧犀(红色)一方,缀以小金环联结而成,约费四百元左右，系由陈仲恕先生和你二叔商量购制。我尚未看见，据来信说是美丽极了。林家的聘仪是玉印一方，也有翡翠，听说好极了。又据说该玉印原有两方，我不好意思请林家全买，打算我们把那一方也买来添上去。庚帖是两家公请卓君庸先生写。因为他堂上具庆夫妇齐眉字又写得极好，合式极了。聘礼行过后，我便请林家将双方聘物一齐汇寄到坎领事馆，要赶上你们婚期。庚帖便在两家家长处，等你们回来才敬谨收藏。

你们结婚后的行程，我也大略一想，在坎住数日后即渡欧归途，从西伯利亚欲先回天津谒祖，我们家郑重请一次客，在津住一个月内外，思成便送徽音回福州谒祖，在福州住一个月内外，徽音若想在家多住些日子，思成便先回津跟着我做学问及其他事业。

我现在有一个小计划，只要天津租界还可以安居（大约可以）时，等思成回来，立刻把房子翻盖，重新造一所称心合意的房子为我读书娱乐之用。将新房子卖出大约可值四万五乃至五万，日内拟便托仪品公司代卖，卖去时将来全部作为翻盖新房用，先将该欲寄坎，托希哲经营，若能多得些赢利更好，总而言之，这部分款项全交思成支配，专充此项之用。思成，你先留心打个腹稿，一回来便试验你的新学问吧！

思成职业问题，一时还没有什么把握，但也不必多忧虑。好在用不着你们养家，你们这新立的小家庭极简单，只要徽音愿意在家里住，尽可以三几年内不用分居（王姨是极好处的，你们都知道），在南开当一教授，功课担任轻些，每月得百把块钱做零用，用大部分光阴在家里跟着我做几年学问，等时局平静后学问也大成了，再谋独立治生机会也多着哩。

思永每次回家和我谈谈学问，都极有趣。我想再过几年，你们都回来，我们不必外求，将就家里人每星期开一次"学术讨论会"，已经不知多快乐了。

十一点了，王姨要来干涉了，快写，快写。

你们猜思永干什么？他现在住在监狱里！却是每礼拜要进皇宫三次或两次！你们猜他干吗？好了不写了。

许多别的话要讲，留待下次罢。先把这十几张纸付邮，不然又要耽搁多少天了。

十二月五日　爹爹